2021—2022年重庆市建筑绿色化发展年度报告

重庆市绿色建筑与建筑产业化协会绿色建筑专业委员会
重庆大学绿色建筑与人居环境营造教育部国际合作联合实验室　　主编
重庆大学国家级低碳绿色建筑国际联合研究中心
重庆市住房和城乡建设技术发展中心

科学出版社
北　京

内 容 简 介

本书总结了2021—2022年重庆市绿色建筑发展情况，分析了重庆市绿色建筑项目整体发展和城乡建设绿色发展转型概况，并针对重庆市建筑性能化设计，重庆市超低能耗、近零能耗和零能耗建筑测评，因地制宜的高质量建筑发展体系构建，建筑碳排放计算过程等工作进行了系统性研究分析。

本书是对重庆市建筑绿色化发展的阶段性总结，可供城乡建设领域及从事绿色建筑技术研究、设计、施工、咨询等领域的相关人员参考。

图书在版编目（CIP）数据

2021—2022年重庆市建筑绿色化发展年度报告 / 重庆市绿色建筑与建筑产业化协会绿色建筑专业委员会等主编. —北京：科学出版社，2023.3

　ISBN 978-7-03-074834-8

Ⅰ. ①2⋯　Ⅱ. ①重⋯　Ⅲ. ①生态建筑–研究报告–重庆–2021-2022　Ⅳ. ①TU-023

中国国家版本馆CIP数据核字（2023）第022497号

责任编辑：华宗琪 / 责任校对：杨 赛
责任印制：罗 科 / 封面设计：义和文创

科 学 出 版 社　出版
北京东黄城根北街16号
邮政编码：100717
http://www.sciencep.com

成都锦瑞印刷有限责任公司 印刷
科学出版社发行　各地新华书店经销

*

2023年3月第 一 版　开本：787×1092　1/16
2023年3月第一次印刷　印张：10 1/2
字数：249 000

定价：98.00元

（如有印装质量问题，我社负责调换）

编 委 会

主编单位　重庆市绿色建筑与建筑产业化协会绿色建筑专业委员会
　　　　　　重庆大学绿色建筑与人居环境营造教育部国际合作联合实验室
　　　　　　重庆大学国家级低碳绿色建筑国际联合研究中心
　　　　　　重庆市住房和城乡建设技术发展中心

参编单位　重庆市绿色建筑与建筑产业化协会
　　　　　　中煤科工重庆设计研究院（集团）有限公司

主　　编　丁　勇
编委会主任　董　勇
副 主 任　李百战　龚　毅
编委会成员　叶　强　曹　勇　谢　天　王永超　谢自强　张京街　谭　平
　　　　　　张红川　石小波　丁小猷　周铁军　陈怡宏　陈　遥　何　昀
　　　　　　杨修明　秦砚瑶
编写组成员　刘　红　高亚锋　喻　伟　张东林　向一心　罗梓淇
　　　　　　晏可铭　余雪琴　于宗鹭　陈雯笛　吴俊楠　杨　友
　　　　　　戴辉自　刘　军　袁梦薇　陈　琼　王华夏　黄　遥
　　　　　　廖治明　李　丰　田　霞　陈进东　袁晓峰　刘家瑞
　　　　　　吴雯婷　周雪芹　胡文端　王　玉

前　言

　　《2021—2022年重庆市建筑绿色化发展年度报告》是重庆市绿色建筑与建筑产业化协会绿色建筑专业委员会针对重庆市2021—2022年建筑绿色发展领域的主要工作开展情况，汇集业内主要单位编写完成的集工作总结和技术报告于一体的行业年度发展报告。

　　随着城乡建设高质量发展转型要求的提出，2021—2022年，重庆市住房和城乡建设委员会在推进城乡建设绿色建筑高品质、高质量发展方面开展了一系列卓有成效的工作，推动了绿色建筑相关技术标准体系的更新完善，进一步加强了绿色建筑发展的规范性建设。

　　为了充分总结行业发展经验，2021—2022年的重庆市建筑绿色化发展年度报告中，涵盖了重庆市绿色建筑项目整体发展情况、城乡建设绿色发展转型概况，并针对建筑高质量发展，对重庆市建筑性能化设计现状，重庆市超低能耗、近零能耗和零能耗建筑测评工作，因地制宜的高质量建筑发展体系构建，建筑碳排放计算等工作进行了系统性的分析总结。初步破解了适宜于重庆气候、地理条件的建筑高质量发展问题，探索了相关技术路径和标准途径。

重庆市绿色建筑与建筑产业化协会绿色建筑专业委员会
2023年2月

目 录

|发 展 篇|

第1章 重庆市绿色建筑项目发展情况 ·· 3
  1.1 重庆市绿色建筑相关政策发展概述 ·· 3
  1.2 绿色建筑总体情况 ·· 5
    1.2.1 2021年重庆市绿色建筑总体情况 ·· 5
    1.2.2 2022年重庆市绿色建筑项目实施情况 ······································ 18

第2章 重庆市城乡建设绿色发展转型概况 ·· 25
  2.1 制度体系建设 ·· 25
    2.1.1 重庆市推动城乡建设绿色发展的实施意见 ································ 26
    2.1.2 重庆市绿色建筑"十四五"规划(2021—2025年) ···················· 29
    2.1.3 重庆市绿色低碳示范项目和资金管理办法 ································ 30
  2.2 标准体系建设 ·· 33
  2.3 重庆市城乡建设绿色发展转型重点工作 ·· 34

第3章 重庆市超低能耗、近零能耗、零能耗建筑测评工作方案 ················ 37
  3.1 测评对象及范围 ··· 37
  3.2 测评机构 ·· 37
  3.3 测评依据 ·· 37
  3.4 测评流程 ·· 37
    3.4.1 申报准备 ·· 37
    3.4.2 形式审查和技术预审 ··· 38
    3.4.3 专家测评 ·· 38
    3.4.4 测评结果报送 ·· 38
    3.4.5 结果公示 ·· 38
    3.4.6 资料存档 ·· 38
  3.5 标识颁发 ·· 39

|技 术 篇|

第4章 重庆市建筑性能化设计现状调研分析 ··· 43
  4.1 重庆市居住建筑性能化设计与自然通风技术应用现状分析 ················· 43
    4.1.1 研究背景 ·· 43
    4.1.2 居住建筑性能化设计现状分析 ·· 43
    4.1.3 自然通风技术应用现状分析 ··· 56

4.2 公共建筑冷热源机房性能设计现状调研 ·· 64
4.2.1 调研背景 ·· 64
4.2.2 调研内容与基本情况 ·· 65
4.2.3 调研结果分析 ·· 65
4.2.4 机房设计存在问题 ·· 83
4.2.5 总结 ·· 84
4.3 公共建筑空调系统性能设计现状调研 ·· 84
4.3.1 调研背景 ·· 84
4.3.2 调研内容与基本情况 ·· 84
4.3.3 调研结果分析 ·· 85
4.3.4 空调系统性能化设计存在的问题 ·· 94

第5章 因地制宜的高质量建筑发展体系构建 ·· 96
5.1 因地制宜的高质量绿色建筑发展思考 ·· 96
5.1.1 高质量绿色建筑发展需求 ··· 96
5.1.2 地理条件的合理利用 ·· 97
5.1.3 自然资源的充分协调 ·· 101
5.1.4 环境性能的综合打造 ·· 105
5.1.5 设备材料的适宜匹配 ·· 108
5.1.6 运营管理的深度切合 ·· 111
5.1.7 总结 ·· 113
5.2 超低能耗建筑发展策略分析 ··· 113
5.2.1 超低能耗建筑的发展需求 ··· 113
5.2.2 超低能耗建筑的界定 ·· 113
5.2.3 超低能耗建筑目标值的合理确定 ·· 115
5.2.4 超低能耗实施路径的合理构建 ··· 117
5.2.5 超低能耗建筑的实施建议 ··· 123
5.3 绿色低碳建筑标准体系的因地制宜延展与实践探索 ··························· 124
5.3.1 国家标准体系的目的与作用 ·· 124
5.3.2 地域特性与地方建设需求 ··· 125
5.3.3 因地制宜的地方标准延展 ··· 126
5.3.4 管理与应用体制的思考 ··· 129

第6章 建筑碳排放计算过程分析 ·· 131
6.1 确定建筑生命周期 ··· 131
6.2 建筑碳排放计算边界 ·· 131
6.2.1 核算气体 ·· 131
6.2.2 时间边界 ·· 132
6.2.3 系统边界 ·· 132
6.3 碳排放数据范围及数据清单 ··· 133

6.3.1	排放范围	133
6.3.2	数据清单	133
6.4 确定碳排放计算方法		134
6.4.1	建材准备阶段	135
6.4.2	建造施工阶段	136
6.4.3	运行维护阶段	137
6.4.4	拆除处置阶段	140
6.5 建筑碳排放因子核算分析		141
6.5.1	能源碳排放因子	141
6.5.2	建材碳排放因子	145
6.5.3	运输碳排放因子	149
6.5.4	废弃物碳排放因子	150

附录 152

1. 近零能耗建筑测评申报单位承诺书(示例) 152
2. 近零能耗建筑设计评价基本信息表(示例) 152
3. 近零能耗建筑施工评价基本信息表(示例) 153
4. 近零能耗建筑运行评价基本信息表(示例) 154
5. 近零能耗建筑测评结果备案表(公共建筑) 156
6. 近零能耗建筑测评结果备案表(居住建筑) 156

发展篇

第1章　重庆市绿色建筑项目发展情况

1.1　重庆市绿色建筑相关政策发展概述

随着住房和城乡建设部于2021年1月8日更新发布《绿色建筑标识管理办法》(建标规〔2021〕1号)，重庆市住房和城乡建设委员会也于2021年12月28日更新发布了《重庆市绿色建筑标识管理办法》(渝建绿建〔2021〕25号)，两个文件分别对应了国家标准《绿色建筑评价标准》(GB/T 50378—2019)和重庆市工程建设标准《绿色建筑评价标准》(DBJ50/T-066—2020)，并组织出版了《重庆市绿色建筑评价标准技术细则(2020)》。

为了进一步强化绿色建筑标准的执行，重庆市住房和城乡建设委员会于2020年8月24日发布《关于执行绿色建筑相关地方标准有关事项的通知》(渝建绿建〔2020〕16号)(以下简称通知)，文件进一步明确了重庆市执行绿色建筑相关标准的要求，主要内容如下。

1. 绿色建筑、绿色生态住宅小区评价项目

(1)2020年1月24日后设计标识或竣工标识尚在2年有效期内的星级绿色建筑、绿色生态住宅小区项目，其房地产开发、建设单位自愿申报后一阶段评价的，标识有效期统一延长7个月。超出有效期的，可按《绿色建筑评价标准》(DBJ50/T-066—2020)或《绿色生态住宅(绿色建筑)小区建设技术标准》(DBJ50/T-039—2020)要求进行申报。原有相关规定与通知不一致的，按通知执行。

(2)2020年7月1日前通过施工图审查的星级绿色建筑、绿色生态住宅小区项目应按照《关于推进绿色建筑高品质高质量发展的意见》(渝建发〔2019〕23号)要求申请评价；2020年7月1日起通过施工图审查的绿色建筑、绿色生态住宅小区项目应达到《绿色建筑评价标准》(DBJ50/T-066—2020)、《绿色生态住宅(绿色建筑)小区建设技术标准》(DBJ50/T-039—2020)相应星级要求。

2. 新建(改建、扩建)民用建筑项目

(1)2020年1月1日起主城都市区中心城区范围内取得"项目可行性研究报告批复"的政府投资或以政府投资为主的公共建筑和取得"企业投资项目备案证"的社会投资建筑面积2万m^2及以上的大型公共建筑，执行二星级绿色建筑标准。以上项目应优先以《公共建筑节能(绿色建筑)设计标准》(DBJ50-052—2020)作为二星级绿色建筑设计依据；2020年7月1日前通过施工图审查的，可以《绿色建筑评价标准》(GB/T 50378—2019)作为二星级绿色建筑设计依据；2020年7月1日至8月31日通过施工图审查的，可以《绿色建筑评价标准》(DBJ50/T-066—2020)作为二星级绿色建筑设计依据。

(2)2020年9月1日起通过施工图审查或9月1日之后因设计变更等原因需重新开展方案设计或初步设计的主城都市区中心城区范围内和其他区县城市规划区范围内新建居住建筑执行《居住建筑节能65%(绿色建筑)设计标准》(DBJ50-071—2020)全部内容，其他区域范围执行除《居住建筑节能65%(绿色建筑)设计标准》(DBJ50-071—2020)外的全部内容。

(3)2020年9月1日起通过施工图审查或9月1日之后因设计变更等原因需重新开展方案设计或初步设计的主城都市区中心城区范围内和其他区县城市规划区范围内总建筑面积1000m² 以上新建公共建筑执行《公共建筑节能(绿色建筑)设计标准》(DBJ50-052—2020)全部内容，总建筑面积1000m²(含)以下新建公共建筑和其他区域范围执行除《公共建筑节能(绿色建筑)设计标准》(DBJ50-052—2020)外的全部内容。

2022年8月3日，结合相关国家标准的更新和颁布，重庆市住房和城乡建设委员会发布了《重庆市住房和城乡建设委员会关于进一步明确我市绿色建筑与节能工作有关事项的通知》(渝建绿建〔2022〕12号)，就城镇规划区范围内新建、改建、扩建的建设工程项目落实强制执行《建筑节能与可再生能源利用通用规范》(GB 55015—2021)和《建筑环境通用规范》(GB 55016—2021)(以下简称通用规范)的要求，提高重庆市绿色建筑与节能工程品质，进行了如下要求。

(1)执行通用规范的民用建筑项目，应同时满足重庆市绿色建筑强制性标准要求。

(2)执行通用规范的建设工程项目初步设计阶段建筑碳排放分析报告可按本通知附件1进行编制。

(3)执行通用规范的建设工程项目应设置太阳能系统，太阳能系统应与建筑主体结构同步设计、同步施工、同步验收。其中新建公共机构建筑、新建厂房应设置屋顶太阳能光伏系统，到2025年，新建公共机构建筑、新建厂房屋顶光伏覆盖率力争达到50%。

(4)新建超高层建筑应达到三星级绿色建筑标准要求，施工图设计文件中应包含项目三星级绿色建筑自评估报告。鼓励建设单位开展三星级绿色建筑预评价。

(5)新建公共建筑应设置能耗分项计量监测装置，各区县(自治县)住房城乡建设主管部门应将能耗分项计量监测装置设置情况纳入建筑能效(绿色建筑)测评重点核查内容，针对单体建筑面积2万 m² 及以上的公共建筑，应确保能耗监测数据与重庆市国家机关办公建筑和大型公共建筑节能监管平台相连接，实现逐时进行能耗数据的远程传输、收集。

2022年7月9日，重庆市人民政府办公厅发布《重庆市人民政府办公厅关于推动城乡建设绿色发展的实施意见》(渝府办发〔2022〕79号)，在促进建筑高品质发展方面，重庆市将推动墙体自保温、高效节能门窗、建筑遮阳、雨水收集、屋顶绿化等绿色低碳适宜技术应用，同时大力推广应用环保、健康、安全的绿色低碳建材，从新建建筑和既有建筑两个方面进一步提升建筑能效水平，降低建筑碳排放。到2025年，重庆城镇新建建筑将全面执行绿色建筑标准，民用建筑绿色建材应用比例达到70%，新增既有建筑绿色化改造面积500万 m²。重庆在中心城区推动了以水源热泵技术为主的可再生能源建筑应用，大力推广装配式建筑集成化标准化设计和精装修住宅，这将减少80%的现场建筑垃圾和60%的材料损耗，平均缩短施工工期30%，并显著降低施工噪声和扬尘污染，同时可极大地减少对城市交通的干扰和影响。到2025年，全市新开工装配式建筑占新建建筑比例力争达到30%以上。

鉴于此，本期年度报告针对重庆市绿色建筑相关政策、制度、标准的执行情况，梳理了2021—2022年的相关项目组织实施情况，如下所示。

1.2 绿色建筑总体情况

1.2.1 2021年重庆市绿色建筑总体情况

1. 强制性绿色建筑标准项目情况

根据送报数据，2021年，重庆市强制性执行绿色建筑标准项目共计4727个，面积约4479.04万 m^2。根据建筑分类，居住建筑2998个，面积约3217.01万 m^2；公共建筑1729个，面积约1262.02万 m^2。各地区强制性绿色建筑标准项目数量如表1.1所示。

表1.1 重庆市各区县强制性绿色建筑标准项目情况统计

区（县）	强制性执行绿色建筑标准项目		详细情况			
	项目数/个	项目面积/m^2	居住建筑		公共建筑	
			项目数/个	项目面积/m^2	项目数/个	项目面积/m^2
巴南区	729	4303702.29	581	3719806.74	148	583895.55
渝中区	23	453670.16	10	267792.55	13	185877.61
两江新区	236	8787830.52	132	6555324.63	104	2232505.89
沙坪坝区	371	2698473.32	282	1878941.72	89	819531.6
北碚区	45	2310350.9	30	2023533	15	286817.9
高新区	192	1191447.73	129	919379.67	63	272068.06
九龙坡区	207	4072381.23	133	3531174.51	74	541206.72
江北区	29	1005513.72	13	292310.57	16	713203.15
经开区	16	536185.91	10	423658.17	6	112527.74
南岸区	404	1750966.96	306	1353354.98	98	397611.98
渝北区	360	3095525.28	235	1674978.55	125	1420546.73
大渡口区	13	606557.17	7	544028.95	6	62528.22
荣昌区	94	801328.38	61	677883.86	33	123444.52
璧山区	197	1103545.67	158	955805.39	39	147740.28
永川区	261	1596230.21	156	1264105.8	105	332124.41
合川区	123	995926.39	65	730457.33	58	265469.06
双桥经开区	10	99221.32	2	31323.85	8	67897.47
江津区	148	1075197.82	95	775019.67	53	300178.15
铜梁区	49	256379.97	28	168437.67	21	87942.3

续表

区(县)	强制性执行绿色建筑标准项目		详细情况			
^	项目数/个	项目面积/m²	居住建筑		公共建筑	
^	^	^	项目数/个	项目面积/m²	项目数/个	项目面积/m²
潼南区	120	727446.77	79	532171.37	41	195275.4
万盛经开区	11	33848.18	0	0	11	33848.18
大足区	29	677908.5	4	381513.26	25	296395.24
涪陵区	132	915560.7	83	557879.42	49	357681.28
彭水县	6	27496.08	0	0	6	27496.08
酉阳县	8	45214.34	0	0	8	45214.34
武隆区	38	182729.33	26	112530.72	12	70198.61
南川区	181	1006225.08	105	668166.46	76	338058.62
綦江区	67	289125.16	40	186931.79	27	102193.37
秀山县	34	318993.12	20	290316.41	14	28676.71
黔江区	31	178424.2	16	141396.3	15	37027.9
长寿区	118	543447.56	35	232109.65	83	311337.91
万州区	115	761560.07	19	136891.95	96	624668.12
丰都县	55	387501.53	0	0	55	387501.53
奉节县	18	121690.91	1	14713.17	17	106977.74
巫溪县	26	152749.35	17	126565.83	9	26183.52
忠县	28	121077.38	0	0	28	121077.38
石柱县	52	138396.66	34	93554.32	18	44842.34
云阳县	5	228491.29	2	191729.67	3	36761.62
城口县	2	25391.85	0	0	2	25391.85
开州区	41	386105.13	29	244726.25	12	141378.88
巫山县	22	153782.82	0	0	22	153782.82
梁平区	78	504317.67	53	351856.75	25	152460.92
垫江县	3	122431.65	2	119731.65	1	2700
合计	4727	44790350.28	2998	32170102.58	1729	12620247.7

注：高新技术产业开发区简称高新区；双桥经济技术开发区简称双桥经开区；万盛经济技术开发区简称万盛经开区；彭水苗族土家族自治县简称彭水县；酉阳土家族苗族自治县简称酉阳县；秀山土家族苗族自治县简称秀山县；石柱土家族自治县简称石柱县。

2. 绿色建筑评价标识项目情况

2021年，重庆市绿色建筑与建筑产业化协会绿色建筑专业委员会通过绿色建筑评价标识认证的项目共计241个，总建筑面积为4386.62万 m²，其中公共建筑87个，总建筑面积1045.11万 m²；居住建筑151个，总建筑面积3316.94万 m²；工业建筑1个，总建筑面积11.6万 m²；混合建筑2个，总建筑面积12.97万 m²。2021年，重庆市绿色建筑与建筑产业化协会绿色建筑专业委员会通过绿色建筑评价标识认证的项目共计14个，总建筑面积261.03万 m²。公共建筑4个，总建筑面积44.87万 m²，其中三星级项目2个，总建筑面积15.58万 m²；一星级项目2个，总建筑面积29.29万 m²。居住建筑10个，总建筑面积216.16万 m²，其中三星级项目1个，总建筑面积10.15万 m²；二星级项目9个，总建筑面积206.01万 m²。竣工项目11个，总建筑面积221.59万 m²，运行项目3个，总建筑面积39.44万 m²，详细情况如表1.2所示。

表1.2 重庆市已完成评审的绿色建筑评价标识项目情况统计

评审等级	项目名称	建设单位	授予时间
★★★	寰宇天下 B03-2 地块	重庆丰盈房地产开发有限公司	2021.1.14
★★★	重庆交通大学双福校区西科所组团 1—4#楼	重庆交通大学	2021.3.15
★★★	全球研发中心建设项目部分A(一期)——办公楼	重庆长安汽车股份有限公司	2021.8.24
★★	金科维拉庄园	重庆市金科骏耀房地产开发有限公司	2021.1.14
★★	名流印象 44—54#楼及地下车库	重庆名流置业有限公司	2021.1.14
★★	久桓·中央美地(居住建筑部分)	重庆市璧山区久桓置业有限公司	2021.1.14
★★	俊豪城(西区)(居住建筑部分)	重庆璧晖实业有限公司	2021.3.15
★★	中交·锦悦 Q04-4/02 地块	重庆中交置业有限公司	2021.3.15
★★	两江新区悦来组团 C 区望江府一期(C50/05、C51/05 地块)	重庆碧桂园融创弘进置业有限公司	2021.3.15
★★	金辉城三期一标段项目	重庆金辉长江房地产有限公司	2021.8.24
★★	北京城建·龙樾生态城(C30-2/06 地块)居住建筑	北京城建重庆地产有限公司	2021.8.24
★★	华宇·温莎小镇二期(居住建筑部分)	重庆业如房地产开发有限公司	2021.8.24
★	重庆沙坪坝万达广场	重庆沙坪坝万达实业有限公司	2021.6.10
★	重庆大渡口万达广场	重庆大渡口万达实业有限公司	2021.6.10

3. 绿色生态住宅(绿色建筑)小区标识项目情况

2021年，重庆市授予绿色生态住宅(绿色建筑)小区评价项目共计75个，总面积1555.41万 m²，均为竣工项目。绿色生态住宅(绿色建筑)小区评价项目详细情况如表1.3所示。

表1.3 重庆市绿色生态住宅(绿色建筑)小区评价项目情况统计

序号	项目名称	区县	建设单位	咨询单位	终审面积/m²	标识类型
1	龙湖李家沱项目B10-1/05地块	巴南区	重庆龙湖朗骏房地产开发有限公司	中机中联工程有限公司	181688.8	竣工评价
2	重庆龙湖蔡家项目二期(1-1#—1-39#，W2，W3，S1—S5，地下车库A、B区)	北碚区	重庆龙湖联新地产发展有限公司	中机中联工程有限公司	240202.28	竣工评价
3	昕晖伊顿庄园	云阳县	重庆昕晖帝阳房地产开发有限公司	重庆伟扬建筑节能技术咨询有限公司	89498.24	竣工评价
4	金科蔡家项目南区、西区(M55-02/03地块)	北碚区	重庆金科汇茂房地产开发有限公司	中机中联工程有限公司	116582.91	竣工评价
5	启迪协信·星麓原一期N02/03地块、N11-2/02地块一组团	巴南区	重庆远沛房地产开发有限公司	重庆市斯励博工程咨询有限公司	205434.7	竣工评价
6	金科·集美嘉悦一期(M07-1/02地块)	北碚区	重庆金科汇茂房地产开发有限公司	重庆市斯励博工程咨询有限公司	116335.34	竣工评价
7	金科天元道二期(O20-7，O20-9号地块)	两江新区	重庆金科竹宸置业有限公司	重庆市斯励博工程咨询有限公司	293587.8	竣工评价
8	金科博翠长江	大渡口区	重庆金科兆基房地产开发有限公司	中机中联工程有限公司	141757.16	竣工评价
9	俊豪城(西区)	璧山区	重庆璧晖实业有限公司	重庆升源兴建筑科技有限公司	473904.99	竣工评价
10	博翠江岸	万州区	重庆骏泽房地产开发有限公司	重庆市斯励博工程咨询有限公司	177191.53	竣工评价
11	金科观澜二期	万州区	重庆市金科骏凯房地产开发有限公司	重庆绿能和建筑节能技术有限公司	342954.09	竣工评价
12	重庆万达文化旅游城(L78-1/01地块)	沙坪坝区	重庆万达城投资有限公司	中机中联工程有限公司	258598.04	竣工评价
13	金科·集美郡	江津区	重庆御立置业有限公司	重庆市斯励博工程咨询有限公司	399850.15	竣工评价
14	金科天湖印二期	开州区	重庆市金科骏耀房地产开发有限公司	重庆隆杰盛建筑节能技术有限公司	227179.2	竣工评价
15	金科集美湖畔	开州区	重庆市金科骏耀房地产开发有限公司	重庆市斯励博工程咨询有限公司	155664.82	竣工评价
16	美的·荣安公园天下N15-1/02地块	巴南区	重庆美荣房地产开发有限公司	中机中联工程有限公司	171256.88	竣工评价
17	金科蔡家P分区项目(M23-02/03、M24/03地块)	北碚区	重庆金佳禾房地产开发有限公司	重庆市斯励博工程咨询有限公司	201391.23	竣工评价
18	礼悦东方	永川区	重庆昆翔誉棠房地产开发有限公司	重庆市建标工程技术有限公司	237935.95	竣工评价

续表

序号	项目名称	区县	建设单位	咨询单位	终审面积/m²	标识类型
19	绿城大石坝组团B分区27-1号宗地	渝北区	重庆绿城致臻房地产开发有限公司	重庆绿航建筑科技有限公司	102413.14	竣工评价
20	海棠香国历史文化风情城1、2号地块一、二期	大足区	重庆泽京实业发展(集团)有限责任公司	重庆绿能和建筑节能技术有限公司	181880.51	竣工评价
21	云熙台小区(一期)	万州区	重庆恒森实业集团有限公司	重庆升源兴建筑科技有限公司	298248.67	竣工评价
22	大杨石组团I分区I-3-1-9宗地项目	渝中区	重庆华宇盛瑞房地产开发有限公司	重庆市建标工程技术有限公司	84708.17	竣工评价
23	融创中航项目(E15-01/01地块)	两江新区	重庆两江新区新亚航实业有限公司	重庆市斯励博工程咨询有限公司	519198.87	竣工评价
24	两江新区悦来组团C分区望江府项目(C41/05、C39-3/05地块)	两江新区	重庆碧桂园融创弘进置业有限公司	中机中联工程有限公司	105116.95	竣工评价
25	金科悦湖名门	开州区	重庆市金科骏耀房地产开发有限公司	重庆绿航建筑科技有限公司	81490.03	竣工评价
26	金科蔡家M分区项目(M50/04地块)	北碚区	重庆金佳禾房地产开发有限公司	重庆绿能和建筑节能技术有限公司	300995.51	竣工评价
27	金科世界城(滨江地块)	云阳县	重庆市金科骏成房地产开发有限公司	重庆市斯励博工程咨询有限公司	143242.60	竣工评价
28	万科金域华府项目D2-1/04、D2-4/03地块	北碚区	重庆金域置业有限公司	重庆科恒建材集团有限公司	330044.46	竣工评价
29	集美锦湾	巴南区	重庆南锦联房地产开发有限公司	重庆市斯励博工程咨询有限公司	172451.23	竣工评价
30	金碧雅居·鹿角项目(N16地块)	巴南区	重庆金碧雅居房地产开发有限公司	重庆升源兴建筑科技有限公司	252758.00	竣工评价
31	金碧辉公司66#地块(G22-1/03地块)	巴南区	重庆金碧辉房地产开发有限公司	重庆市斯励博工程咨询有限公司	197735.10	竣工评价
32	龙湖蔡家项目二期三组团(2-1#—2-19#、2-28#—2-38#、W1及地下车库)	北碚区	重庆龙湖联新地产发展有限公司	中机中联工程有限公司	55770.96	竣工评价
33	首创嘉陵项目(暂定名)二期	沙坪坝区	重庆首汇置业有限公司	重庆市建标工程技术有限公司	246998.63	竣工评价
34	置铖荣华府一期	永川区	重庆卓扬实业有限公司	重庆升源兴建筑科技有限公司	192966.08	竣工评价
35	中南玖宸项目一期	北碚区	重庆锦腾房地产开发有限公司	重庆伊科乐建筑节能技术有限公司	182920.86	竣工评价
36	侨城·紫御江山	开州区	侨城地产集团有限公司	重庆市斯励博工程咨询有限公司	134596.08	竣工评价

续表

序号	项目名称	区县	建设单位	咨询单位	终审面积/m²	标识类型
37	万科蔡家项目（M04-01-1/04、M04-01-2/04、M36-02/04地块）	北碚区	重庆星畔置业有限公司	重庆市斯励博工程咨询有限公司	355987.69	竣工评价
38	金科·集美阳光（M37-1、M40-1地块）	大渡口区	重庆金科兆基房地产开发有限公司	重庆绿能和建筑节能技术有限公司	494166.30	竣工评价
39	龙湖龙兴核心区H76/01、H77/01地块	两江新区	重庆两江新区龙湖新御置业发展有限公司	中煤科工重庆设计研究院(集团)有限公司	140379.52	竣工评价
40	潼南·华夏城	潼南区	重庆方寸房地产开发有限公司	重庆市建标工程技术有限公司	139861.95	竣工评价
41	金辉城一期B1区	南岸区	重庆金辉长江房地产有限公司	重庆盛绘建筑节能科技发展有限公司	231473.18	竣工评价
42	西永组团W14-1地块（龙湖科学院项目2号地块）	高新区	重庆龙湖拓骏地产发展有限公司	中煤科工重庆设计研究院(集团)有限公司	104894.51	竣工评价
43	西永组团W13-1地块（龙湖科学院项目1号地块4组团）	高新区	重庆龙湖拓骏地产发展有限公司	中煤科工重庆设计研究院(集团)有限公司	217165.97	竣工评价
44	光华·安纳溪湖C组团一期	南岸区	重庆华颂房地产开发有限公司	重庆市建标工程技术有限公司	163404.40	竣工评价
45	中央铭著C77-1/03、C83-1/03	两江新区	重庆金辉长江房地产有限公司	重庆盛绘建筑节能科技发展有限公司	245903.96	竣工评价
46	至元成方弹子石项目二期（A17-1/05地块）	南岸区	重庆至元成方房地产开发有限公司	中煤科工重庆设计研究院(集团)有限公司	190611.45	竣工评价
47	巴南鱼洞P06项目	巴南区	重庆寰峰房地产开发有限公司	重庆升源兴建筑科技有限公司	265855.84	竣工评价
48	龙湖中央公园项目（F126-1地块）	渝北区	重庆龙湖煦筑房地产开发有限公司	中机中联工程有限公司	133858.17	竣工评价
49	龙湖中央公园项目（F127-1地块）	渝北区	重庆龙湖煦筑房地产开发有限公司	中机中联工程有限公司	84934.10	竣工评价
50	龙湖礼嘉核心区项目（A37-4/05号地块）	两江新区	重庆龙湖宜祥地产发展有限公司	中煤科工重庆设计研究院(集团)有限公司	78067.72	竣工评价
51	龙湖礼嘉核心区项目（A40-4/05号地块）	两江新区	重庆龙湖宜祥地产发展有限公司	中煤科工重庆设计研究院(集团)有限公司	53854.98	竣工评价
52	龙湖礼嘉核心区项目（A40-1地块）	两江新区	重庆龙湖宜祥地产发展有限公司	中煤科工重庆设计研究院(集团)有限公司	76735.23	竣工评价
53	龙湖龙兴项目（H58-1地块）	两江新区	重庆两江新区龙湖新御置业发展有限公司	中煤科工重庆设计研究院(集团)有限公司	80451.82	竣工评价
54	光锦界石106亩项目（T12-4/02、T12-5/03地块）	巴南区	重庆光锦房地产开发有限公司	重庆绿能和建筑节能技术有限公司	224224.76	竣工评价

第 1 章 重庆市绿色建筑项目发展情况

续表

序号	项目名称	区县	建设单位	咨询单位	终审面积/m²	标识类型
55	重庆北部新区 B 标准分区 B14-7-1/04 号地块（碧桂园中俊·天玺）	两江新区	重庆碧桂园中俊房地产开发有限公司	重庆升源兴建筑科技有限公司	298996.68	竣工评价
56	界石组团 N 分区 N07/03 地块	巴南区	重庆锦岘置业有限公司	中煤科工重庆设计研究院(集团)有限公司	258667.95	竣工评价
57	华宇御澜湾（F01-7/04 地块一期）	两江新区	重庆华宇集团有限公司	重庆海申应用技术研究院有限公司	124250.28	竣工评价
58	金地大渡口项目二期（M36-1、M41-1 地块）	大渡口区	重庆金地佳誉置业有限公司	重庆绿航建筑科技有限公司	332663.92	竣工评价
59	万科园博园项目（一期）	两江新区	重庆博科置业有限公司	重庆迪赛因建设工程设计有限公司	236074.16	竣工评价
60	万科中央公园项目一期（F113-1 号地块）	渝北区	重庆柯航置业有限公司	重庆科恒建材集团有限公司	67544.63	竣工评价
61	柏景西雅图	九龙坡区	重庆柏景铭厦置业有限公司	重庆伊科乐建筑节能技术有限公司	240948.64	竣工评价
62	昕晖·香缇时光 C 组团一期	永川区	重庆旭亿置业有限公司	重庆佳良建筑设计咨询有限公司	293596.47	竣工评价
63	首创天阅嘉陵项目	沙坪坝区	重庆首汇置业有限公司	重庆市建标工程技术有限公司	346963.27	竣工评价
64	重庆龙湖璧山项目一期（2-7 地块）	璧山区	重庆龙湖卓健房地产开发有限责任公司	中煤科工重庆设计研究院(集团)有限公司	247510.95	竣工评价
65	昕晖伊顿庄园 B 组团	云阳县	重庆昕晖帝阳房地产开发有限公司	重庆绿航建筑科技有限公司	221864.38	竣工评价
66	洺悦城一二期	巴南区	重庆启润房地产开发有限公司	重庆东裕恒建筑技术咨询有限公司	338387.84	竣工评价
67	重庆市北碚区蔡家组团 B 分区 B30-1/04 号地块项目	北碚区	重庆融创瀚茗房地产开发有限公司	中机中联工程有限公司	104034.64	竣工评价
68	南川金科世界城五期	南川区	重庆金科金裕房地产开发有限公司	中机中联工程有限公司	303955.24	竣工评价
69	南川金科世界城四期	南川区	重庆金科金裕房地产开发有限公司	中机中联工程有限公司	175067.80	竣工评价
70	金科·博翠府	涪陵区	重庆市金科汇宜房地产开发有限公司	中机中联工程有限公司	262366.28	竣工评价
71	重庆万达文化旅游城（L77-3/02 地块）	沙坪坝区	重庆万达城投资有限公司	中机中联工程有限公司	198846.51	竣工评价
72	中交·中央公园 C106、C108 地块	两江新区	重庆中交西南置业有限公司	重庆市绿色建筑技术促进中心	124616.14	竣工评价

续表

序号	项目名称	区县	建设单位	咨询单位	终审面积/m²	标识类型
73	渝锦悦鹿角194亩项目(M41/02地块及幼儿园)	巴南区	重庆渝锦悦房地产开发有限公司	中煤科工重庆设计研究院(集团)有限公司	114710.68	竣工评价
74	中交·中央公园项目(C109、C110、C111地块)	两江新区	重庆中交西南置业有限公司	重庆市绿色建筑技术促进中心	315030.44	竣工评价
75	龙湖蔡家项目二期二组团	北碚区	重庆龙湖联新地产发展有限公司	中机中联工程有限公司	51610.82	竣工评价

4. 咨询单位完成重庆市绿色建筑项目情况

2021年，咨询单位完成重庆市绿色建筑项目情况如表1.4所示。

表1.4 咨询单位完成重庆市绿色建筑项目情况统计 （单位：个）

序号	咨询单位	项目数量	评价等级 铂金级	评价等级 金级	评价等级 银级	评价阶段 设计	评价阶段 竣工	评价阶段 运行
1	重庆升源兴建筑科技有限公司	3	—	3	—	—	3	—
2	北京清华同衡规划设计研究院有限公司	2	—	—	2	—	—	2
3	中机中联工程有限公司	1	1	—	—	—	—	1
4	重庆绿能和建筑节能技术有限公司	1	—	1	—	—	—	—
5	重庆灿辉科技发展有限公司	1	—	—	1	—	—	—
6	重庆市绿色建筑技术促进中心	1	1	—	—	—	—	—
7	重庆东裕恒建筑技术咨询有限公司	1	—	1	—	—	—	—
8	重庆市斯励博工程咨询有限公司	1	—	1	—	—	—	—
9	重庆市建标工程技术有限公司	1	—	1	—	—	—	—
10	重庆博诺圣科技发展有限公司	1	—	1	—	—	—	—
11	中冶赛迪工程技术股份有限公司	1	1	—	—	—	1	—

5. 咨询单位完成绿色生态住宅(绿色建筑)小区项目情况

2021年，咨询单位完成绿色生态住宅(绿色建筑)小区项目情况如表1.5所示。

表1.5 咨询单位完成绿色生态住宅(绿色建筑)小区项目情况统计 （单位：个）

序号	咨询单位	数量
1	中机中联工程有限公司	13
2	重庆市斯励博工程咨询有限公司	13

续表

序号	咨询单位	数量
3	中煤科工重庆设计研究院(集团)有限公司	11
4	重庆升源兴建筑科技有限公司	6
5	重庆市建标工程技术有限公司	6
6	重庆绿能和建筑节能技术有限公司	5
7	重庆绿航建筑科技有限公司	4
8	中机中联工程有限公司	3
9	重庆科恒建材集团有限公司	2
10	重庆伊科乐建筑节能技术有限公司	2
11	重庆盛绘建筑节能科技发展有限公司	2
12	重庆市绿色建筑技术促进中心	2
13	重庆伟扬建筑节能技术咨询有限公司	1
14	重庆隆杰盛建筑节能技术有限公司	1
15	重庆海申应用技术研究院有限公司	1
16	重庆迪赛因建设工程设计有限公司	1
17	重庆佳良建筑设计咨询有限公司	1
18	重庆东裕恒建筑技术咨询有限公司	1
	总数	75

6. 绿色建筑评价标识项目主要技术投资增量统计

根据项目自评估报告中的数据信息,通过统计梳理,2021年技术投资增量数据见表1.6。

表1.6 技术投资增量数据

专业	实现绿色建筑采取的措施	增量总额/万元	对应等级
专项费用	BIM设计	79.1	铂金级
节水与水资源	雨水收集利用系统	740	铂金级/金级
	灌溉系统	126.9	金级
	中水回用系统	190	铂金级
	车库隔油池	8	金级
	节水器具	273	铂金级

续表

专业	实现绿色建筑采取的措施	增量总额/万元	对应等级
节水与水资源	餐厨垃圾生化处理系统	60	铂金级
	建筑 BA 系统	50	铂金级
	绿色性能指标检测	45	铂金级
	高压水枪	30	金级
	公共浴室节水	16.8	金级
电气	节能照明	639.65	铂金级/金级
	电扶梯节能控制措施	777	金级
	高效节能灯具	20.75	金级
	充电桩设计	40	铂金级
	智能化系统	201.25	金级
	节能型电气设备	21.54	金级
	太阳光伏发电	525	铂金级
	信息发布平台	24	金级
	导光筒	51	金级
	节能变压器	285	金级
暖通空调	窗/墙式通风器	547.77	金级
	新风系统	356.4	金级
	户式新风系统	1345.54	金级
	暖通空调系统	146.55	金级
	高效燃气地暖炉	516	铂金级
	空气源热泵机组	16	铂金级
	水泵、风机变频设备	137.45	银级
	新风机流量计	24.8	铂金级
	高效低噪声中央空调	520	铂金级
景观绿化	屋顶绿化	120	铂金级
	室外透水铺装	110.88	金级
	非传统水源补水	4	金级
	节水喷灌	301.9	金级
	绿化灌溉	17	铂金级
	可调节遮阳	160	铂金级
结构	高耐久混凝土	215.63	金级
	预拌砂浆	5.4	金级

续表

专业	实现绿色建筑采取的措施	增量总额/万元	对应等级
声光环境	声学设计	10	铂金级
	光导系统	14.4	铂金级
空气质量	二氧化碳	165	铂金级
	车库 CO 监测联动	199	金级
	中效过滤段	31	铂金级
	空气质量监控系统	60	银级

注：BIM 为建筑信息模型(building information model)；BA 系统为楼宇设备自控系统(building automation system)。

7. 项目主要技术应用的频次

本次主要对各项目涉及的技术增量表现、项目技术投资增量数据进行统计和分析。各数据信息来源于项目的自评估报告，根据统计梳理，各项目主要技术应用的频次统计见表1.7。

表 1.7　项目主要技术应用频次统计

技术类型	技术名称	应用频次	2021 年完成	2020 年完成	2019 年完成	2018 年完成	对应等级
专项费用	BIM 设计	7	1 铂	2 铂 2 金	1 铂	1 铂	5 铂 2 金
节水与水资源	雨水收集利用系统	86	2 铂 8 金	5 铂 17 金 3 银	3 铂 33 金	1 铂 14 金	11 铂 72 金 3 银
	灌溉系统	53	4 金	7 铂 8 金	3 铂 14 金 1 银	3 铂 13 金	13 铂 39 金 1 银
	中水回用系统	11	1 铂	2 铂 4 金	1 银	1 铂 2 金	4 铂 6 金 1 银
	车库隔油池	23	1 金	4 金	1 铂 15 金	2 金	1 铂 22 金
	节水器具	19	2 铂	4 铂 2 金	1 铂 3 金 2 银	2 铂 3 金	9 铂 8 金 2 银
	餐厨垃圾生化处理系统	3	1 铂	1 铂	—	1 铂	3 铂
	建筑 BA 系统	10	1 铂	1 铂 2 金	1 铂 2 金	1 铂 2 金	4 铂 6 金
	绿色性能指标检测	3	1 铂	—	1 银	1 铂	2 铂 1 银
	高压水枪	33	3 金	5 金	1 铂 21 金	3 金	1 铂 32 金
	公共浴室节水	1	1 金	—	—	—	1 金
电气	节能照明	48	2 铂 4 金	4 铂 9 金 3 银	3 铂 18 金 1 银	1 铂 3 金	10 铂 34 金 4 银
	电扶梯节能控制措施	37	6 金	6 金	3 铂 16 金	6 金	3 铂 34 金
	高效节能灯具	20	3 金	1 金	1 铂 8 金	7 金	1 铂 19 金
	充电桩设计	1	1 铂	—	—	—	1 铂
	智能化系统	26	3 金	1 铂 8 金	2 铂 12 金	—	3 铂 23 金
	节能型电气设备	5	1 金	1 铂 3 金	—	—	1 铂 4 金
	太阳光伏发电	3	1 铂	1 金	—	1 铂	2 铂 1 金

续表

技术类型	技术名称	应用频次	2021年完成	2020年完成	2019年完成	2018年完成	对应等级
电气	信息发布平台	13	2金	2金	8金	1金	13金
	导光筒	3	2金	—	—	1金	3金
	节能变压器	44	6金	5金3银	2铂20金	8金	2铂39金3银
暖通空调	窗/墙式通风器	39	2金	6金	2铂23金	6金	2铂37金
	新风系统	7	2金	1铂4金	—	—	1铂6金
	户式新风系统	17	3金	3金	4金	7金	17金
	暖通空调系统	2	1金	1金	—	—	2金
	高效燃气地暖炉	2	1铂	—	—	1铂	2铂
	空气源热泵机组	1	1铂	—	—	—	1铂
	水泵、风机变频设备	2	2银	—	—	—	2银
	新风机流量计	1	1铂	—	—	—	1铂
	高效低噪声中央空调	1	1铂	—	—	—	1铂
景观绿化	屋顶绿化	4	1铂	1金	1金1银	—	1铂2金1银
	室外透水铺装	43	1金	4金	3铂23金	11金1银	3铂39金1银
	非传统水源补水	1	1金	—	—	—	1金
	节水喷灌	3	1铂2金	—	—	—	1铂2金
	绿化灌溉	14	2铂	9金3银	—	—	2铂9金3银
	可调节遮阳	2	1铂	1金	—	—	1铂1金
结构	高耐久混凝土	17	2金	1金	12金	2金	17金
	预拌砂浆	8	—	4铂2金	—	1铂1金	5铂3金
声光环境	声学设计	1	1铂	—	—	—	1铂
	光导系统	1	1铂	—	—	—	1铂
空气质量	二氧化碳	1	1铂	—	—	—	1铂
	车库CO监测联动	3	3金	—	—	—	3金
	中效过滤段	1	1铂	—	—	—	1铂
	空气质量监控系统	12	2银	6铂1金	1铂1银	1铂	8铂1金3银

注：铂金级简称铂、金级简称金、银级简称银。

8. 项目平均增量成本统计

按项目评价等级排序，各项目的平均增量成本详细情况见表1.8—表1.10。

表1.8 银级项目的平均增量成本的详细情况统计

序号	绿色建筑等级	项目名称	项目建筑面积/m²	增量总额/万元	增量成本/(元/m²)	建筑类型
1	银级	重庆沙坪坝万达广场	158194.92	100000	6.33	公共建筑
2	银级	重庆大渡口万达广场	134700	26700	7.22	公共建筑

表1.9 金级项目的平均增量成本的详细情况统计

序号	绿色建筑等级	项目名称	项目建筑面积/m²	增量总额/万元	增量成本/(元/m²)	建筑类型
1	金级	金科维拉庄园	254067.2	42114.43	12.22	居住建筑
2	金级	名流印象44—54#楼及地下车库	192368.35	90000	34.7	居住建筑
3	金级	久桓·中央美地（居住建筑部分）	172829.02	46000	39.3	居住建筑
4	金级	俊豪城（西区）（居住建筑部分）	459638.83	175000	41.7	居住建筑
5	金级	中交·锦悦Q04-4/02地块	292634.57	147981.39	37.15	居住建筑
6	金级	两江新区悦来组团C区望江府一期（C50/05、C51/05地块）	47222.53	34855.47	121.27	居住建筑
7	金级	金辉城三期一标段项目	444381.58	322000	36.36	居住建筑
8	金级	北京城建·龙樾生态城（C30-2/06地块）居住建筑	103311.61	41167.89	30	居住建筑
9	金级	华宇·温莎小镇二期（居住建筑部分）	93699.23	41141.13	24.68	居住建筑

表1.10 铂金级项目的平均增量成本的详细情况统计

序号	绿色建筑等级	项目名称	项目建筑面积/m²	增量总额/万元	增量成本/(元/m²)	建筑类型
1	铂金级	寰宇天下B03-2地块	101522.37	47897.97	165.64	居住建筑
2	铂金级	重庆交通大学双福校区西科所组团1—4#楼	42095.86	21840.97	146.33	公共建筑
3	铂金级	全球研发中心建设项目部分A（一期）——办公楼	113709.5	98877	109.3	公共建筑

1.2.2 2022年重庆市绿色建筑项目实施情况

1. 强制性绿色建筑标准项目情况

据送报数据，2022年，重庆市执行强制性绿色建筑标准项目共计3967个，面积约3790.55万 m^2。根据建筑分类，居住建筑2389个，面积约2487.94万 m^2；公共建筑1578个，面积1302.61万 m^2。各地区强制性绿色建筑标准项目情况如表1.11所示。

表1.11 各地区强制性绿色建筑标准项目情况统计

区县	强制性执行绿色建筑标准项目 项目数/个	强制性执行绿色建筑标准项目 项目面积/m^2	详细情况 居住建筑 项目数/个	详细情况 居住建筑 项目面积/m^2	详细情况 公共建筑 项目数/个	详细情况 公共建筑 项目面积/m^2
两江新区	138	6319060.46	90	5213472.91	48	1105587.55
巴南区	349	1843986.44	271	1637374.94	78	206611.5
北碚区	53	1777619.76	29	1313567.9	24	464051.86
沙坪坝区	321	2196209.62	253	1375470.8	68	820738.82
南岸区	119	604864.8	82	387356.77	37	217508.03
大渡口区	30	1062007.18	15	968998.12	15	93009.06
渝北区	256	2508715.14	174	1389514.37	82	1119200.77
九龙坡区	45	1471068.72	17	797189.2	28	673879.52
高新区	243	1739668.43	150	897513.3	93	842155.13
经开区	13	442742.83	6	314154.79	7	128588.04
江北区	77	1319548.96	42	686916.55	35	632632.41
渝中区	16	430527.55	2	61172.81	14	369354.74
荣昌区	263	1770691.36	175	1159237.72	88	611453.64
璧山区	105	446731.53	50	124238.71	55	322492.82
潼南区	89	518466.35	65	375110.87	24	143355.48
铜梁区	67	285959.08	56	262353.49	11	23605.59
大足区	43	775224.63	14	619744.22	29	155480.41
万盛经开区	18	90281.95	11	56412.22	7	33869.73
合川区	101	863924.48	40	480993.45	61	382931.03
永川区	214	1293695.57	149	1034903.51	65	258792.06
江津区	154	1369185.38	104	857958.64	50	511226.74
双桥经开区	5	111001.97	0	0	5	111001.97
涪陵区	145	1066477.32	61	522984.38	84	543492.94
长寿区	112	582451.39	31	248716.98	81	333734.41

续表

区县	强制性执行绿色建筑标准项目		详细情况			
^	^	^	居住建筑		公共建筑	
^	项目数/个	项目面积/m²	项目数/个	项目面积/m²	项目数/个	项目面积/m²
綦江区	41	278776.72	25	218986.15	16	59790.57
南川区	68	437305.84	50	215022.98	18	222282.86
黔江区	49	274572.34	33	199618.34	16	74954
彭水县	30	204638.52	17	119443.83	13	85194.69
秀山县	61	235208.08	35	179509.3	26	55698.78
武隆区	27	243172.75	18	147197.49	9	95975.26
酉阳县	36	129852.86	35	125735.26	1	4117.6
石柱县	83	396233.46	52	292730.81	31	103502.65
忠县	40	814744.28	5	256886.12	35	557858.16
丰都县	78	341931.14	33	195551.23	45	146379.91
万州区	185	875044.52	43	405597.42	142	469447.1
巫溪县	8	121123.83	3	60955.13	5	60168.7
奉节县	19	180574.15	9	115608.63	10	64965.52
巫山县	36	217248.25	24	187202.01	12	30046.24
开州区	113	714022.56	58	454580.73	55	259441.83
垫江县	16	404031.15	5	144251.14	11	259780.01
梁平区	66	386677.52	41	283643.46	25	103034.06
城口县	18	193588.2	5	58360	13	135228.2
云阳县	17	566628.64	11	433194.51	6	133434.13
合计	3967	37905485.71	2389	24879431.19	1578	13026054.52

2. 绿色建筑前期咨询预评价项目情况

2022年绿色建筑前期咨询预评价项目情况如表1.12所示。

表1.12 绿色建筑前期咨询预评价项目情况统计

咨询等级	项目名称	建设单位	咨询时间
★★/★★★	重庆轨道交通24号线一期工程	重庆市轨道交通(集团)有限公司	2022.10.22
★★	北碚吾悦广场项目(E10-3-1/05号地块1—11号楼)	重庆鸿素房地产开发有限公司	2022.9.15
★	巴南区人才租赁住房项目(除9—11号楼)	重庆职业技术教育城建设有限公司	2022.11.9

(1)重庆轨道交通 24 号线一期工程项目是重庆都市区主城中南部东西向快速连接的横向通道，工程起于巴南区鹿角北站，途经重庆东站止于南岸区广阳湾站，设11座，均为地下站，该工程计划进行10座二星级绿色建筑站点、1座三星级绿色建筑站点和1座二星级绿色建筑综合楼建设。为进一步明确轨道交通车站在执行当前绿色建筑评价标准技术指标时存在的技术要求和重点问题解决方案，重庆市绿色建筑与建筑产业化协会绿色建筑专业委员会根据项目方的需求，组织开展了此次专家咨询会，目的在于一方面为项目在具体执行评价标准时明确技术要点和要求，另一方面也同时依托项目为正在编制的重庆市绿色轨道场站评价标准的工作内容提供参考。

咨询单位对项目在执行绿色建筑评价标准的技术方案向专家进行了详细汇报，并就项目遇到的重难点及技术适用性分析等问题与专家进行了沟通和讨论。专家组基于项目的实际情况，针对项目在地下车站建筑空间规模、围护结构热工性能、室外环境、安全防护措施、节约集约利用土地、结构规则性、背景噪声和构件隔声、直饮水设置、全龄化设计、预留开发空间等问题的技术措施进行了讨论，并提出了合理化技术应用措施及建议。重庆市轨道交通建设办公室相关管理人员结合项目中的技术实施问题，分别针对标准化设计、装配式技术、可再生能源应用、人文化设计等内容进行了重点点评，并提出在后续标准中应进一步明确相关要求。

(2)北碚区的吾悦广场三期 1—11 号楼项目所处区域为北碚老城核心区，北临北碚区主要道路交通——天生路，总用地面积约 76430.00 m²，总建筑 213653.71 m²，本次进行专家咨询的范围为 1—11 号楼建筑面积 162188.57 m²。项目咨询单位就项目依据重庆市 2020 年颁布的《绿色建筑评价标准》的技术应用情况进行了汇报，专家组对项目的技术应用现状进行了肯定，并本着精益求精的思想，就项目在建筑、结构、材料、节水、设备、绿化等方面的优化策略给予了建议。

(3)巴南区的人才租赁住房项目(除 9—11 号楼)位于重庆市巴南区龙洲湾解放村 10 组，国道 210 左侧，巴南职业教育中心(新校区)南侧，占地 24996 m²，约 37.49 亩[①]。本次项目将为各领域高端人才量身打造可辐射重庆市各区的高端人才公寓，为其提供理想居住环境，乐享乐居。经专家组审查，项目通过绿色建筑性能评价系统完成了在线申报、资料提交、形式审查、专家审阅、意见反馈等工作，标志着重庆市绿色建筑线上评审系统正式运作，实现了绿色建筑标识评价工作的全信息化开展。

3. 2022 年重庆市绿色生态住宅(绿色建筑)小区评价项目情况

2022 年，重庆市授予绿色生态住宅(绿色建筑)小区评价项目共计 41 个，总面积 763.14 万 m²；均为竣工项目。绿色生态住宅(绿色建筑)小区评价项目情况如表 1.13 所示。

---

① 1 亩 ≈ 666.67 m²。

表1.13 2022年重庆市绿色生态住宅(绿色建筑)小区评价项目情况统计

序号	项目名称	区县	建设单位	咨询单位	终审面积/m²	标识类型
1	巫山金科城三期	巫山县	重庆金科巫宸房地产开发有限公司	中机中联工程有限公司	230709.75	竣工评价
2	天誉(梁平LP-1-293地块)(一期)	梁平区	重庆金科骏志房地产开发有限公司	重庆市斯励博工程咨询有限公司	194345.44	竣工评价
3	金科御临河二期二批次H41-2/01地块(7-1#至7-9#楼、D7地下车库)	两江新区	重庆中讯物业发展有限公司	重庆市斯励博工程咨询有限公司	21451.04	竣工评价
4	金科蔡家P分区P02-1/02地块、P02-2/02地块	北碚区	重庆金佳禾房地产开发有限公司	重庆市斯励博工程咨询有限公司	178763.78	竣工评价
5	金科集美嘉悦二期(M01-04/04地块)	北碚区	重庆金科汇茂房地产开发有限公司	重庆市斯励博工程咨询有限公司	454922.59	竣工评价
6	洺悦城·公园里Q25-10/02地块(1#至13#楼、地下车库)	巴南区	重庆潆悦房地产开发有限公司	重庆市斯励博工程咨询有限公司	167962.50	竣工评价
7	龙湖礼嘉新项目四期A63-2地块	两江新区	重庆龙湖科恒地产发展有限公司	中机中联工程有限公司	316770.34	竣工评价
8	龙湖礼嘉新项目五期A63-2地块	两江新区	重庆龙湖科恒地产发展有限公司	中机中联工程有限公司	209277.07	竣工评价
9	华宇御澜湾二期(F01-6、9/04地块、F01-10/04地块)	两江新区	重庆华宇集团有限公司	重庆海申应用技术研究院有限公司	67458.79	竣工评价
10	金科博翠园一期(F13-1/02、F13-3/01、F13-4/02、F13-8/02)	南岸区	重庆品锦悦房地产开发有限公司	重庆市斯励博工程咨询有限公司	219209.02	竣工评价
11	泽恺·半岛北岸	南川区	重庆泽恺实业有限公司	重庆绿航建筑科技有限公司	292295.85	竣工评价
12	重庆怡置新辰大竹林O区O01-4/05、O01-1/05、O01-2/05号地块建设项目(O01-1号地块)	两江新区	重庆怡置新辰房地产开发有限公司	重庆佳良建筑设计咨询有限公司	180227.11	竣工评价
13	金碧雅居鹿角项目(N17/04、N18/03地块)	巴南区	重庆金碧雅居房地产开发有限公司	重庆升源兴建筑科技有限公司	253754.60	竣工评价
14	界石组团N分区N12/02地块	巴南区	重庆金嘉海房地产开发有限公司	重庆市建标工程技术有限公司	303611.46	竣工评价
15	黛山悦府北地块(C01-2/02地块)	璧山区	重庆西道房地产开发有限公司	重庆市斯励博工程咨询有限公司	107325.39	竣工评价
16	黛山悦府南地块(C01-4/02地块)	璧山区	重庆西道房地产开发有限公司	重庆市斯励博工程咨询有限公司	125420.14	竣工评价

续表

序号	项目名称	区县	建设单位	咨询单位	终审面积/m²	标识类型
17	两江新区悦来组团C分区望江府(C46/06地块)	两江新区	重庆碧桂园融创弘进置业有限公司	中机中联工程有限公司	50008.99	竣工评价
18	亲水台小区	万州区	重庆恒森实业集团有限公司	重庆升源兴建筑科技有限公司	217761.46	竣工评价
19	集美东方	铜梁区	重庆文乾房地产开发有限公司	中机中联工程有限公司	333565.23	竣工评价
20	两江新区悦来组团C分区望江府(C45-1/06地块)	两江新区	重庆碧桂园融创弘进置业有限公司	中机中联工程有限公司	81560.50	竣工评价
21	万科蔡家N分区项目N19-4/02、N18-1/03、N18-4/02地块	北碚区	重庆嘉畔置业有限公司	重庆科恒建材集团有限公司	296540.75	竣工评价
22	中南玖宸项目二期(M09-01/04地块)	北碚区	重庆锦腾房地产开发有限公司	重庆伊科乐建筑节能技术有限公司	99598.07	竣工评价
23	龙兴组团H项目(H82-1/01地块)	两江新区	重庆两江新区新榈实业有限公司	重庆市建标工程技术有限公司	92763.20	竣工评价
24	龙兴组团H项目(H80-1/01地块)	两江新区	重庆两江新区新榈实业有限公司	重庆市建标工程技术有限公司	50993.28	竣工评价
25	昕晖·璟樾	铜梁区	重庆拓航房地产开发有限公司	重庆绿航建筑科技有限公司	297750.02	竣工评价
26	置铖荣华府二期	永川区	重庆卓扬实业有限公司	重庆升源兴建筑科技有限公司	140687.45	竣工评价
27	雍景台	开州区	重庆骏功房地产开发有限公司	重庆绿航建筑科技有限公司	282150.39	竣工评价
28	重庆万达文化旅游城(L84-1/01、L84-2/01地块)	沙坪坝区	重庆万达城投资有限公司	中机中联工程有限公司	359798.79	竣工评价
29	朗基八俊里	巴南区	重庆朗淳实业有限公司	重庆盛绘建筑节能科技发展有限公司	136041.91	竣工评价
30	两江新区水土组团B分区B37-1/03号地块	两江新区	重庆甯锦房地产开发有限公司	中机中联工程有限公司	109078.16	竣工评价
31	金科·礼悦东方小区(A组团)	荣昌区	重庆市金顺盛地产开发有限公司	重庆市建标工程技术有限公司	462180.86	竣工评价
32	集美江畔	奉节县	重庆江骏房地产开发有限公司	重庆绿航建筑科技有限公司	292469.06	竣工评价
33	两江新区悦来组团C分区(C76/05地块)	两江新区	重庆华辉盛锦房地产开发有限公司	重庆迪赛因建设工程设计有限公司	70989.93	竣工评价

续表

序号	项目名称	区县	建设单位	咨询单位	终审面积/m²	标识类型
34	两江新区悦来组团C分区C78-2/05	两江新区	重庆华辉盛锦房地产开发有限公司	重庆迪赛因建设工程设计有限公司	88616.34	竣工评价
35	中华奥城三期	荣昌区	重庆市顺庆置业有限公司	重庆市斯励博工程咨询有限公司	143723.43	竣工评价
36	重庆龙湖煦筑中央公园项目(F128-1地块)	渝北区	重庆龙湖煦筑房地产开发有限公司	中煤科工重庆设计研究院(集团)有限公司	65183.06	竣工评价
37	光华·安纳溪湖C组团二期	南岸区	重庆华颂房地产开发有限公司	重庆市建标工程技术有限公司	133391.15	竣工评价
38	界石组团N分区N08-1/03地块	巴南区	重庆锦屿置业有限公司	中煤科工重庆设计研究院(集团)有限公司	153619.31	竣工评价
39	彭水新巇域项目二期	彭水县	重庆建工新城置业有限公司	重庆博诺圣科技发展有限公司	109470.60	竣工评价
40	万科照母山项目(两江新区大竹林 组团G标准分区G8-1、G8-2号宗地)	两江新区	重庆罗联置业有限公司	重庆科恒建材集团有限公司	139691.44	竣工评价
41	万科中央公园项目(F113-2号地块)	渝北区	重庆柯航置业有限公司	重庆科恒建材集团有限公司	100254.59	竣工评价

4. 2022年咨询单位完成绿色生态住宅(绿色建筑)小区项目情况

咨询单位完成绿色生态住宅(绿色建筑)小区项目情况如表1.14所示。

表1.14 咨询单位完成绿色生态住宅(绿色建筑)小区项目情况统计　　(单位：个)

序号	咨询单位	数量
1	重庆市斯励博工程咨询有限公司	9
2	中机中联工程有限公司	8
3	重庆市建标工程技术有限公司	5
4	重庆绿航建筑科技有限公司	4
5	重庆升源兴建筑科技有限公司	3
6	重庆科恒建材集团有限公司	3
7	重庆迪赛因建设工程设计有限公司	2
8	中煤科工重庆设计研究院(集团)有限公司	2
9	重庆海申应用技术研究院有限公司	1
10	重庆佳良建筑设计咨询有限公司	1

续表

序号	咨询单位	数量
11	重庆伊科乐建筑节能技术有限公司	1
12	重庆盛绘建筑节能科技发展有限公司	1
13	重庆博诺圣科技发展有限公司	1
	总数	41

作者：重庆市绿色建筑与建筑产业化协会绿色建筑专业委员会　丁勇、周雪芹、王玉、胡文端

重庆市住房和城乡建设技术发展中心(重庆市建筑节能中心)　谢天、杨修明、吴俊楠、李丰、田霞、陈进东、袁晓峰、刘家瑞、吴雯婷

第 2 章　重庆市城乡建设绿色发展转型概况

近年来,在碳达峰、碳中和目标引领下,重庆市进一步加快能源、产业等结构调整,积极探索碳减排市场化机制,大力开展低碳技术研发应用,深入建设"无废城市",并与四川省协同推进减污降碳。经济社会绿色低碳转型力促重庆高质量发展,助力巴渝大地"努力在推进长江经济带绿色发展中发挥示范作用",重庆市住房和城乡建设委员会在制度体系、科研、标准编制等方面做了大量卓有成效的工作。

2.1　制度体系建设

为进一步提升重庆城乡建设绿色发展水平,推动实现碳达峰、碳中和目标,2022 年 1 月,重庆市住房和城乡建设委员会印发了《重庆市绿色建筑"十四五"规划(2021—2025 年)》(以下简称规划),明确到 2025 年末,城镇绿色建筑占新建建筑比例达到 100%。为引领全市绿色建筑高质量发展,根据规划,"十四五"期间重庆市绿色建筑建设规模将持续扩大,绿色建筑全产业链发展不断成熟,民用建筑健康性能不断完善,绿色建材得到广泛应用,绿色建造方式全面推广,建筑领域绿色发展水平明显提高,建筑能源消费结构逐步清洁化、低碳化。2022 年 7 月,重庆市人民政府办公厅发布了《重庆市人民政府办公厅关于推动城乡建设绿色发展的实施意见》(渝府办发〔2022〕79 号),加快建设国际化、绿色化、智能化、人文化现代大都市,全面推进乡村振兴,加快农业农村现代化,促进人与自然和谐共生,筑牢长江上游重要生态屏障,建成山清水秀美丽之地。2022 年 11 月,重庆市住房和城乡建设委员会同重庆市财政局印发了《重庆市绿色低碳建筑示范项目和资金管理办法》,旨在推进重庆市建筑高质量发展,规范示范项目认定流程和补助资金管理,发挥示范项目在重庆市的引领和示范作用,促进建设领域低碳发展。随着新形势的发展需要,重庆市住房和城乡建设委员会修订了《重庆市建筑能效(绿色建筑)测评与标识管理办法》,严格落实建筑能效(绿色建筑)测评与标识制度。

为了充分发挥科技创新对城乡建设绿色发展的支撑作用,2021—2022 年,重庆市住房和城乡建设委员会下达了绿色建筑配套能力建设项目计划(共计 12 项),旨在加强对绿色建筑领域的技术与管理机制创新,支撑全市绿色建筑工作的推进,促进住房城乡建设领域高质量绿色发展。为贯彻落实《中共中央　国务院关于完整准确全面贯彻新发展理念做好碳达峰碳中和工作的意见》(中发〔2021〕36 号)、《中共中央办公厅　国务院办公厅印发〈关于推动城乡建设绿色发展的意见〉的通知》(中办发〔2021〕37 号)等文件精神,2022 年 9 月开始,重庆市住房和城乡建设委员会组织开展 2022 年度绿色建筑与节能实施质量检查,进一步推进重庆市建筑领域高品质、高质量绿色发展,助力实现建设领域碳达峰工作目标;并更新了重庆市绿色建筑与节能专家库,旨在推动重庆市住房城乡建设领域绿色低碳发展,切实做好新时期新形势下绿色建筑与节能相关工作。

重庆推动城乡建设绿色发展的一系列制度体系,对推动城乡建设绿色转型发展,形成绿色发展方式和生活方式,满足人民日益增长的美好生活需要具有重大意义。

2.1.1 重庆市推动城乡建设绿色发展的实施意见

2022年9月,为贯彻落实《中共中央办公厅 国务院办公厅印发〈关于推动城乡建设绿色发展的意见〉的通知》(中办发〔2021〕37号)精神,加快建设国际化、绿色化、智能化、人文化现代大都市,全面推进乡村振兴,加快农业农村现代化,促进人与自然和谐共生,筑牢长江上游重要生态屏障,建成山清水秀美丽之地,重庆市人民政府办公厅正式发布由重庆市住房和城乡建设委员会牵头,中煤科工重庆设计研究院(集团)有限公司作为技术支撑单位起草编制的《重庆市人民政府办公厅关于推动城乡建设绿色发展的实施意见》(以下简称实施意见),如图2.1和图2.2所示。

图2.1 重庆市人民政府办公厅发布《重庆市人民政府办公厅关于推动城乡建设绿色发展的实施意见》

实施意见中提出:到2025年,城乡建设绿色发展体制机制和政策体系基本建立,建设方式绿色转型成效显著,碳减排扎实推进,单位地区生产总值能耗和二氧化碳排放强度持续降低,城市整体性、系统性、生长性增强,"城市病"问题缓解,城乡生态环境质量整体改善,城乡发展质量和资源环境承载能力明显提升,综合治理能力显著提高,绿色生活方式普遍推广。到2035年,城乡建设全面实现绿色发展,碳减排水平快速提升,城市和乡村品质全面提升,人居环境更加美好,城乡建设领域治理体系和治理能力基本实现现代化,山清水秀美丽之地基本建成。

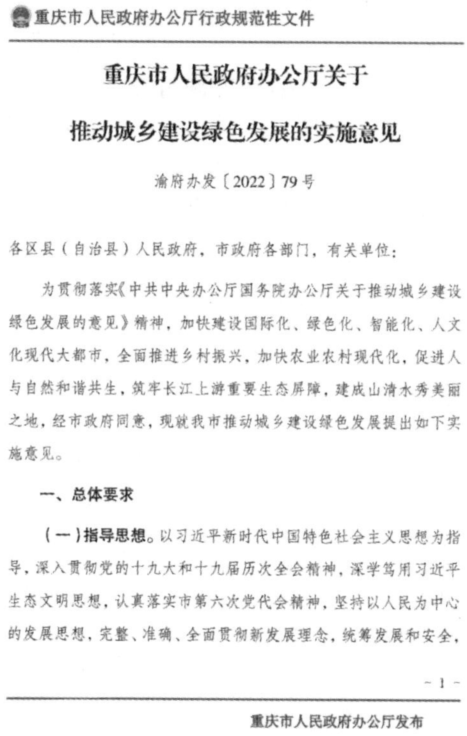

第 2 章 重庆市城乡建设绿色发展转型概况

重庆市人民政府办公厅行政规范性文件

重庆市人民政府办公厅关于
推动城乡建设绿色发展的实施意见

渝府办发〔2022〕79号

各区县（自治县）人民政府，市政府各部门，有关单位：

为贯彻落实《中共中央办公厅国务院办公厅关于推动城乡建设绿色发展的意见》精神，加快建设国际化、绿色化、智能化、人文化现代大都市，全面推进乡村振兴，加快农业农村现代化，促进人与自然和谐共生，筑牢长江上游重要生态屏障，建成山清水秀美丽之地，经市政府同意，现就我市推动城乡建设绿色发展提出如下实施意见。

一、总体要求

（一）指导思想。以习近平新时代中国特色社会主义思想为指导，深入贯彻党的十九大和十九届历次全会精神，深学笃用习近平生态文明思想，认真落实市第六次党代会精神，坚持以人民为中心的发展思想，完整、准确、全面贯彻新发展理念，统筹发展和安全，

— 1 —

重庆市人民政府办公厅发布

图 2.2 《重庆市人民政府办公厅关于推动城乡建设绿色发展的实施意见》正式文件

实施意见中针对推动重庆市城乡建设绿色发展提出如下主要任务[①]：

1. 深化绿色建筑创建，助推实现"双碳"目标

制定建筑领域碳达峰实施方案，实施绿色建筑统一标识制度，开展建筑能效测评标识管理，打造一批高星级绿色建筑及绿色生态住宅小区。

提高新建建筑节能标准，扩大绿色建筑标准执行范围。到2025年，城镇新建建筑全面建成绿色建筑。

落实主城都市区政府投资或以政府投资为主的新建公共建筑、社会投资建筑面积 2万 m^2 及以上的大型公共建筑、超高层建筑达到二星级及以上绿色建筑标准，并适时向全市扩展。

推动空调变频控制、高效节能水泵、发光二极管(light emitting diode，LED)照明、电梯能量回馈及智慧互联、太阳能热水系统等经济适用节能改造技术在示范项目中的应用。推动高层建筑中设施设备(电梯、供水设备)节能新技术应用，降低建筑运行能耗，重点推动高层建筑中电梯联动控制技术、电梯能量回馈、供水系统水泵变频技术应用。

推动气凝胶等新材料在建筑领域的推广应用，加大对气凝胶的宣传力度，鼓励企业

---

① 此部分内容来源于正文附件表格(图2.2)，作者选取与主题相关内容进行引用，未进行文字改动。

优先选用气凝胶保温毡(板)、气凝胶保温隔热涂料等新材料，提升绿色节能水平。

积极推广合同能源管理、合同节水管理服务模式，鼓励以合同能源管理方式参与城市绿色照明及既有建筑(含工业建筑)节能改造，鼓励节能服务公司提供节能咨询、诊断、设计、融资、改造、托管等"一站式"合同能源管理综合服务。

推动建设一批超低能耗、近零能耗、低碳(零碳)建筑示范项目。

强化绿色建材应用比例核算制度，进一步加强绿色建材产品认证及应用事中事后监管，制定扶持绿色建材产业发展政策，鼓励政府积极采购绿色建材。到2025年，城镇新建建筑中绿色建材应用比例达到70%。

建立健全绿色建材采信机制，完善重庆市绿色建材采信应用数据平台，进一步优化建筑工程绿色建材选用通道。

2. 开展既有建筑绿色化改造

制定既有建筑绿色化改造技术标准，结合建筑公共环境整治、适老设施改造、基础设施和建筑使用功能提升改造，推动既有建筑由单一型的节能改造向综合型的绿色化改造转变。鼓励既有建筑绿色化改造与城市更新、老旧小区改造、抗震加固等工作同步实施。"十四五"期间，新增既有建筑绿色化改造面积500万 m^2。

统筹推动绿色社区、完整社区一体化创建，提高用能效率和室内舒适度，因地制宜制定绿色完整社区标准，构建绿色完整社区技术体系。到2025年，绿色社区创建率达到60%。

启动一批老旧街区、老旧厂区、老旧商业区、历史文化区及公共空间城市更新项目，打造一批具有全国影响力的城市更新试点示范项目。

增补基础类设施，推进小区及周边设施完善，积极推进改造或建设社区综合服务设施、公共卫生设施以及养老、托幼、助餐、家政保洁、菜市场、便利店等社区专项服务设施。持续改造整治安全隐患突出、分布零散的城镇C、D级危房，大力推进D级危房的搬离整治工作。

推动规划师、设计师、工程师进社区，实施"硬设施+软环境"一体化改造提升，注重建筑与社区、街巷在空间、功能、文化及风貌上的有机协调，着力打造完整社区。到2025年，力争基本完成2000年底前建成的需要改造的城镇老旧小区改造提升任务，据"十四五"规划调查摸底总量约1亿 m^2。

3. 推进新型建筑工业化发展

建成建筑信息模型(BIM)项目管理平台，推进BIM技术全过程应用。

大力发展新型建造方式，推进建筑工业化与绿色化融合发展，在绿色建筑中推广成熟装配式技术应用，进一步提高装配式建筑应用比例，力争到2025年，全市新开工装配式建筑占新建建筑比例达到30%以上。

建立装配式农房技术标准体系、指导服务体系、建设实施体系，研究制定支持政策，开展装配式农房建设试点，力争到2025年建成一批"结构安全、功能现代、绿色环保、风貌乡土"的装配式宜居农房。

推动工业化装修技术应用,发展成品住宅。

4. 大力推动能源结构低碳转型

保障建筑屋顶光伏系统接入电网需求和接入设施供应,做到"应接尽接"。落实太阳能光伏自发自用、余电上网激励政策,积极推进整区(县)屋顶分布式光伏开发试点,开展16个区县整区(县)屋顶分布式光伏开发试点。

落实工业厂房、公共机构建筑屋顶太阳能光伏应用的要求。到2025年,新建公共机构建筑、新建厂房屋顶光伏覆盖率力争达到50%。

因地制宜推动太阳能一体化在农房建设中的应用。

2.1.2 重庆市绿色建筑"十四五"规划(2021—2025年)

为深入贯彻重庆市绿色建筑创建行动,落实碳达峰、碳中和目标,进一步推动城乡建设绿色发展,重庆市住房和城乡建设委员会组织编制了《重庆市绿色建筑"十四五"规划(2021—2025年)》,如图2.3所示。

图2.3 重庆市住房和城乡建设委员会印发《重庆市绿色建筑"十四五"规划(2021—2025年)》通知

其中提出绿色建筑、绿色相关产业、可再生能源建筑应用、既有建筑绿色化改造、绿色建材等相关任务。

1. 提升绿色建筑建设品质

到2025年末,城镇绿色建筑占新建建筑比例达到100%,建成星级绿色建筑1000万 m^2。

2. 推动绿色建筑与建筑产业化融合发展

以绿色建筑为终端产品，大力推行绿色化、工业化、信息化、集约化和产业化的新型绿色建造方式，装配式建筑中落实绿色建筑的各项指标要求。按照应用尽用的原则，严格落实重庆市建筑节能(绿色建筑)设计标准中对非砌筑内隔墙板和预制装配式楼板的应用比例要求，促进重庆市装配式建筑部品部件产业的发展。推行建造手段信息化，进一步完善重庆市建筑工程BIM技术应用政策和技术体系，加大强制应用BIM技术的力度。推行组织方式集约化，大力推进以设计为龙头的工程总承包发展，加大工程总承包实施力度，积极推进全过程工程咨询服务发展。

3. 推动建筑用能清洁化低碳化

以区域集中供冷供热为重点，在悦来生态城、仙桃国际数据谷、广阳岛、九龙半岛等重点区域发展分布式能源。因地制宜地开展建筑太阳能系统应用示范，推进城镇新建公共机构建筑、新建厂房屋顶应用太阳能光伏。"十四五"期间，重庆市地热能、空气热能建筑应用面积新增500万 m^2。

4. 强化绿色化改造与功能提升

推动既有公共建筑由单一型的节能改造向综合型的绿色化改造转变，结合城镇老旧小区改造探索开展居住建筑节能改造。"十四五"期间，重庆市既有建筑绿色化改造面积新增500万 m^2。

5. 加大绿色建材应用力度

大力发展绿色建材产业，带动建材工业转型升级，积极开展绿色建材产品认证工作，引导本地建材企业按绿色建材要求转型升级。开发绿色建材采信应用数据平台，建立绿色建材产品数据库，制定绿色建材认证推广应用方案，落实绿色建材应用比例核算制度，培育绿色建材生产示范企业和示范基地。到2025年末，全市新建建筑中绿色建材应用比例超过70%，二星级及以上绿色建筑、绿色生态住宅小区应用二星级及以上绿色建材的比例不低于60%。

2.1.3 重庆市绿色低碳示范项目和资金管理办法

2022年11月，为推动城乡建设领域实现碳达峰、碳中和目标，促进建设领域绿色低碳发展，发挥示范项目在重庆市的引领和带动作用，重庆市住房和城乡建设委员会与重庆市财政局共同出台了《重庆市绿色低碳建筑示范项目和资金管理办法》(以下简称办法)，如图2.4所示。

办法包含绿色建筑示范项目、近零能耗建筑示范项目、可再生能源区域集中供冷供热示范项目及既有公共建筑绿色化改造示范项目四类"绿色低碳建筑示范项目"的专项补助资金申报。

第 2 章　重庆市城乡建设绿色发展转型概况

图 2.4　办法通知文件

　　申报绿色建筑示范项目，需取得绿色建筑评价标识，且在获得全国绿色建筑创新奖一年内，由建设单位或业主单位向重庆市住房和城乡建设委员会提出绿色建筑示范项目申请。评价标准按照《绿色建筑评价标准》(GB/T 50378—2019)及《绿色建筑评价标准》(DBJ50/T-066—2020)执行，如图 2.5 所示。

《绿色建筑评价标准》GB/T 50378—2019
《绿色建筑评价标准》DBJ50/T-066—2020

图 2.5　绿色建筑示范项目申报执行标准

　　申报近零能耗建筑示范项目，应为本市行政区域内新建、改建、扩建的公共建筑或居住建筑，建筑面积不小于 2000 m^2，由建设单位或业主单位向市住房和城乡建设委员会提出申请。评审通过后，列入重庆市近零能耗建筑示范项目实施计划，并予以公布。评价标准参照《近零能耗建筑技术标准》(GB/T 51350—2019)及重庆市"近零能耗建筑技术标准"(在编)，如图 2.6 所示。

　　申报可再生能源区域集中供冷供热示范项目，为在供冷量大于 10 MW 或供暖空调建筑面积大于 10 万 m^2 的集中供冷供热建筑中利用水源热泵技术，进行供冷供热以及提供生活热水，利用土壤源热泵技术进行供冷供热以及提供生活热水，并列入重庆市可再生能源区域集中供冷供热示范实施计划的建设工程项目。申报单位提供相关申报资料后，市住房和城乡建设委员会组织专家进行专项技术审查，审查通过后列入重庆市可再生能源区域集中供冷供热示范项目实施计划，并予以公布。

　　申报既有公共建筑绿色化改造示范项目，为改造实施的建筑面积不小于 5000 m^2，根据《重庆市既有公共建筑绿色化改造效果核定办法》核定，改造后实现单位建筑面积碳减排率达到 15% 及以上目标的项目。申报单位提交相关申报资料后，市住房和城乡建设委员会组织专家对申报项目进行评审。评审通过后，列入重庆市公共建筑绿色化改造示范项目实施计划，并予以公布。评价标准按照《既有公共建筑绿色改造技术标准》(DBJ50/T-163—2021)执行，如图 2.7 所示。

图 2.6 《近零能耗建筑技术标准》　　图 2.7 《既有公共建筑绿色改造技术标准》

对获得全国绿色建筑创新奖一等奖、二等奖、三等奖的绿色建筑示范项目按照建筑面积分别给予 60 元/m²、40 元/m²、20 元/m² 的补助资金。单个示范项目补助资金总额，分别不得超过 400 万元、200 万元、100 万元。

对申请补助的零能耗建筑、近零能耗建筑、超低能耗建筑示范项目按示范面积分别给予 200 元/m²、120 元/m²、80 元/m² 的补助资金。单个示范项目补助资金总额，分别不得超过 400 万元、240 万元、160 万元。

对申请补助的可再生能源区域集中供冷供热示范项目(供冷量大于 10 MW 或供能能力≥10 万 m²)按照机组额定制冷量进行补贴，补助标准为 150 元/kW，对同一个示范项目(含分期建设的多个能源站)补助资金总额不得超过 1500 万元。

对申请补助的既有公共建筑绿色化改造示范项目按照绿色化改造效果核定机构核定的改造面积和碳减排率进行核算，对碳减排率达到 25%(含)以上的改造项目按示范面积给予 25 元/m² 的补助资金，碳减排率达到 15%(含)至 25% 的改造项目按示范面积给予 15 元/m² 的补助资金，如图 2.8 所示。

该办法明确了示范项目工作的具体主管部门，确定了示范项目的实施要求，细化了相应申报、审查、核定、管理等各程序具体要求，切实规范绿色低碳示范项目管理，提高绿色建筑示范项目、近零能耗建筑示范项目、可再生能源区域集中供冷供热示范项目及既有公共建筑绿色化改造示范项目财政补助资金使用效果，保障重庆市建筑绿色低碳示范工作的顺利进行。

序号	专项	补贴标准	
1	绿色建筑示范项目	绿色建筑创新奖一等奖	60元/m²，总额≤400万元
		绿色建筑创新奖二等奖	40元/m²，总额≤200万元
		绿色建筑创新奖三等奖	20元/m²，总额≤100万元
2	近零能耗建筑示范项目	零能耗建筑示范项目	200元/m²，总额≤400万元
		近零能耗建筑示范项目	120元/m²，总额≤240万元
		超低能耗建筑示范项目	80元/m²，总额≤160万元
3	可再生能源区域集中供冷供热示范项目	150元/kW，总额≤1500万元	
4	既有公共建筑绿色化改造示范项目	15%≤碳减排率＜25%	15元/m²
		碳减排率≥25%	25元/m²

图 2.8　各类"绿色低碳建筑示范项目"的资金补贴标准

2.2　标准体系建设

近年来，重庆市不断深化绿色发展标准化工作，加快制定绿色建筑、绿色建材、绿色生态城区等重要领域标准，着力构建绿色低碳发展新格局，在促进重庆市绿色循环低碳经济、加强环境保护等方面发挥了重要的标准支撑作用。

为推进重庆市工程建设标准化工作，提高工程建设地方标准供给水平，重庆市住房和城乡建设委员会下达了工程建设地方标准修订项目立项计划。

其中正在编制中的标准有：
- "轨道交通装配式高架桥梁技术标准"（新编）
- "既有居住区海绵化改造技术标准"（新编）
- "建筑内保温工程技术标准"（新编）
- "海绵城市健康发展规划设计技术导则"（新编）
- "绿色轨道站场评价标准"（新编）
- "轨道交通地下装配式结构防水技术标准"（新编）
- "盾构同步注浆材料应用技术标准"（新编）
- "公共建筑节能78%(绿色建筑)设计标准"（新编）
- "居住建筑节能75%(绿色建筑)设计标准"（新编）
- "标准化民用建筑门窗系统应用技术标准"（新编）
- "工业建筑节能(绿色建筑)设计标准"（新编）

- "市政工程施工质量评价标准"（新编）
- "低碳建材评价标准"（新编）
- "工程项目数字化建造技术标准"（新编）
- "山地城市社区绿色化改造技术标准"（新编）等

正在修订中的标准有：

- 《透水混凝土应用技术标准》[修订《行人道透水混凝土应用技术规程》（DBJ50/T-154—2012）]
- 《保温装饰复合板外墙外保温应用技术标准》[合并《岩棉保温装饰复合板外墙外保温系统应用技术规程》（DBJ50/T-162—2013）、《纤维增强改性发泡水泥保温装饰板外墙保温系统应用技术规程》（DBJ50/T-252—2017）、《保温装饰复合板外墙外保温应用技术规程》（DBJ50/T-233—2016）]
- 《建设工程绿色施工评价标准》[合并《绿色施工管理规程》（DBJ50/T-166—2013）、《建设工程绿色施工评价标准》（DBJ50/T-221—2015）、《建设工程绿色施工规范》（DBJ50/T-228—2015）]
- 《建筑楼面隔声保温工程应用技术标准》[合并《聚酯纤维复合卷材建筑楼面保温隔声系统应用技术标准》（DBJ50/T-297—2018）、《增强型水泥基泡沫保温隔声板建筑地面工程应用技术标准》（DBJ50/T-330—2019）、《难燃型改性聚乙烯复合卷材建筑楼面隔声保温工程应用技术标准》（DBJ50/T-333—2019）]
- 《绿色生态城区评价标准》[修订《绿色低碳生态城区评价标准》（DBJ50/T-203—2014）]
- 《低碳建筑评价标准》[修订《绿色低碳生态城区评价标准》（DBJ50/T-203—2014）]
- 《装配式排烟气道系统应用技术标准》[修订《机制排烟气道系统应用技术规程》（DBJ50/T-212—2015）]
- 《山地城市室外排水管渠设计标准》[修订《山地城市室外排水管渠设计标准》（DBJ50/T-296—2018）等]

已发布的标准有：

- 《既有公共建筑绿色改造技术标准》（DBJ50/T-163—2021）
- 《建筑节能（绿色建筑）工程施工质量验收标准》（DBJ50-255—2022）等

绿色化发展标准体系的建设，将强化绿色建筑政策体系、技术体系、标准体系对接，健全重庆市绿色建筑标准体系与国家标准、行业标准衔接配套，加强绿色建筑规划、设计、图审、建设、验收、运营及评价全寿命期过程管理。

2.3 重庆市城乡建设绿色发展转型重点工作

为推进重庆市城乡建设绿色化发展转型，推动城乡建设领域实现碳达峰、碳中和目标，促进建设领域绿色低碳发展，重庆市住房和城乡建设委员会制定了以下重点工作。

推动新建建筑全面执行标准。2022年3月，重庆市住房和城乡建设委员会发布《关于做好2022年全市绿色建筑与节能工作的通知》，要求自2022年4月1日起，主城都市区除中心城区以外的其他区级行政单位范围内取得"项目可行性研究报告批复"的政府投资或以政府投资为主的新建公共建筑和取得"企业投资备案证"的社会投资建筑面积2万 m^2 及以上的大型公共建筑应满足二星级及以上绿色建筑标准要求；通过施工图审查或因设计变更等原因需重新开展方案设计或初步设计的全市城镇规划区范围内新建、改建、扩建民用建筑及工业建筑应执行《建筑节能与可再生能源利用通用规范》(GB 55015—2021)及《建筑环境通用规范》(GB 55016—2021)，同时应执行重庆市绿色建筑设计标准[《居住建筑节能65%(绿色建筑)设计标准》(DBJ50-071—2020)、《公共建筑节能(绿色建筑)设计标准》(DBJ50-052—2020)]内容。2022年主城都市区各区实施既有公共建筑绿色化改造项目不少于2个，其他各区县不少于1个。

大力发展可再生能源建筑应用。加快推动建筑用能电气化和低碳化，在城市大型公共建筑推广应用高效节能设备。推动建筑屋顶分布式光伏有序发展。到2025年，全市可再生能源建筑应用面积新增500万 m^2。

新建建筑中装配式建筑"两板"应用推动方面。开展"两板"工程应用情况统计调查，推动重庆市装配式内隔墙板和装配式楼板工程应用。

在既有建筑绿色化改造方面，编制了《既有公共建筑绿色化改造效果核定办法》，结合重庆市地方实际以及绿色化改造示范项目的要求，确定了绿色化改造示范项目的主要目标，为既有公共建筑绿色化改造示范项目的改造效果判定提供技术支撑。为鼓励既有公共建筑进行绿色化改造，发挥示范项目在重庆市的引领和带动作用，发布了《重庆市绿色低碳建筑示范项目和资金管理办法》。

在BIM技术应用推广方面，重庆市实施以大数据智能化为引领创新驱动，将智能建造与建筑工业化协同发展作为建筑业高质量发展的突破口，以发展建筑工业化为载体，大力实施智能建造，助力"建造强市"，为经济增长开拓新的动力源。重庆市统筹指导3个国家智能建造试点项目实施，同时，还以试点项目为引领，带动行业全面技术创新，在充分总结试点示范经验基础上，加快构建先进适用的智能建造体系，制订BIM技术应用、智慧工地建设、工程项目数字化标准，在工程建设全生命周期推广BIM技术，推动工地管理全面"上网、进线、云识别"。

在轨道交通建设方面，重庆市正加快打造"轨道上的都市区"，到2035年，主城都市区规划建成"一张网、多模式、全覆盖"的轨道交通体系，主要包括干线铁路、城际铁路、市域(郊)铁路(城轨快线)、城市轨道等总里程约6059km。重庆打造"轨道上的都市区"，不仅充分发挥轨道交通安全可靠、经济高效、绿色环保的优势，也通过建设不同层级的轨道交通网络，完善多层次城市轨道交通体系，实现"四网融合"，有效整合轨道交通资源，推动轨道交通融合发展，全面提升轨道交通运输体系服务效率和服务水平，促进区域经济一体化发展。

在海绵城市建设方面，经过"十三五"时期的探索，重庆市海绵城市建设成效显著，正由试点建设向系统化全域推进。为破解老旧城区海绵城市建设面临的本底问题多、指标落实难、协调难度大等问题，重庆市抓住实施城市更新行动契机，及时编制印发《重庆市城市更新海绵城市建设技术导则》，为城市存量地区科学开展海绵城市建设提供技术指引，助推城市更新中有效落实海绵城市理念，拟从人居品质提升、城市生态修复、涉水设施建设、地下空间利用、综合防火减灾五个方面着手进行重庆市海绵城市建设。

作者：中煤科工重庆设计研究院(集团)有限公司　秦砚瑶、戴辉自、刘军、袁梦薇

第3章 重庆市超低能耗、近零能耗、零能耗建筑测评工作方案

根据中国建筑节能协会"第三批第三方近零能耗建筑测评机构名录",重庆市绿色建筑与建筑产业化协会已正式成为中国建筑节能协会第三方测评委托机构,开展近零能耗建筑相关测评工作。基于此,重庆市绿色建筑与建筑产业化协会正式对外发布了重庆市超低能耗、近零能耗、零能耗建筑相关测评工作方案,详细内容如下。

3.1 测评对象及范围

工作方案适用于居住建筑和公共建筑测评的组织实施与管理,测评以单栋建筑为对象。

测评工作分为设计评价、施工评价和运行评价三个阶段。建筑工图设计文件审查通过后可申请设计评价;建筑完成竣工验收可申请施工评价,建筑投入使用1年后可申请运行评价。

3.2 测评机构

协会成立近零能耗建筑测评管理办公室(以下简称评管办)负责协会的日常测评管理与推广工作。

3.3 测评依据

测评指标,包括室内环境参数、能效指标等要求按照国家标准《近零能耗建筑技术标准》(GB/T51350—2019)。

测评工作,包括形式审查、技术审查等具体要求按照《近零能耗建筑测评标准》(T/CABEE 003—2019)。

3.4 测评流程

3.4.1 申报准备

测评的申报可由业主、房地产开发企业等单位随时向第三方测评机构提出,鼓励设

计单位、施工单位和物业管理单位等相关单位共同参与申报。

申报单位按照资料清单提供真实、完整的申报材料，申报材料包括但不限于承诺书、基本信息表、项目技术方案、建筑能效指标计算报告等。

3.4.2 形式审查和技术预审

收到申报材料后，评管办15个工作日内完成形式审查和技术预审：形式审查是对申报项目的材料进行基础性审核，包括检查申报单位是否具备申报资质，项目名称是否符合规定，项目审批文件、建设单位文件、设计单位文件、声明文件与建筑相关的图纸是否完整、真实有效等；技术预审是通过核查、测算、验证等方式，由专业技术人员按照《近零能耗建筑技术标准》(GB/T51350—2019)、《近零能耗建筑评价标准》(T/CABEE 003—2019)的要求，对申报材料的内容深度、申报书文件的各项技术方案和能耗报告进行技术把关、使项目达到专家组评审的水平。

若预审不合格，申报单位需对材料进行整改后再次提交。

3.4.3 专家测评

预审完成后，评管办负责组织专家组对项目开展测评，测评工作原则上在预审完成后15个工作日内完成。

3.4.4 测评结果报送

完成测评的项目，评管办在10个工作日内将以下资料反馈给申报单位：
(1)专家评审意见(专家签字)；
(2)测评结果备案表(加盖测评机构公章)。

对需要补充解释性技术材料或部分技术内容需要修改调整的项目，由申报单位5个工作日内根据评审意见提交补充材料或修改内容函复评管办；未通过的项目，评管办在评价结论做出后5个工作日内通知申报单位。

3.4.5 结果公示

通过测评的项目，将全套申报备案材料报送中国建筑节能协会评管办，并同时在中国建筑节能协会官网(www.cabee.org)和重庆市绿色建筑与建筑产业化协会官网(www.cqbeea.com)进行公示，接受行业社会监督。公示期结束，无异议项目颁发证书并授予标识使用权。

3.4.6 资料存档

申报项目的全部评审资料和测评机构提交的材料，由评管办进行纸质存档，存档期限为5年，用于项目技术核查和管理部门抽查。全部纸质材料需进行电子存档，用于协会和测评机构宣传推广。

3.5 标识颁发

标识证书(图 3.1—图 3.6)由中国建筑节能协会统一颁发,并由中国建筑节能协会和重庆市绿色建筑与建筑产业化协会共同盖章。

本书罗列了关于近零能耗建筑测评项目申报情况的相关表格,由附录形式供读者查看。

图 3.1 超低能耗建筑(公共建筑)标识证书 　　图 3.2 超低能耗建筑(居住建筑)标识证书

图 3.3 近零能耗建筑(公共建筑)标识证书 　　图 3.4 近零能耗建筑(居住建筑)标识证书

图 3.5 零能耗建筑(公共建筑)标识证书　　图 3.6 零能耗建筑(居住建筑)标识证书

作者：重庆市绿色建筑与建筑产业化协会　陈琼、王华夏、黄遥、廖治明

技 术 篇

第4章 重庆市建筑性能化设计现状调研分析

4.1 重庆市居住建筑性能化设计与自然通风技术应用现状分析

4.1.1 研究背景

根据《重庆市绿色建筑"十四五"规划(2021—2025年)》,现重庆市绿色建筑设计质量不高、创新不够,施工质量有待提高,山地城市的特色有待加强。对照国家将绿色建筑由"四节一环保"向"安全耐久、健康舒适、生活便利、资源节约、环境宜居"五大性能转变的要求和"以人为本"的初衷,结合当前我国社会主要矛盾的变化,绿色建筑发展应充分体现"隔热、通风、除湿、采光、遮阳"等适宜技术,不断优化技术路线,因地制宜推动墙体自保温、高效节能门窗、建筑遮阳、自然采光、自然通风、立体绿化等适宜绿色建筑技术应用,全方位提升重庆市绿色建筑品质。在此背景和趋势下,因地制宜地根据气候特征进行建筑方案设计,运用被动式节能技术,根据场地条件进行居住建筑平面总体布局、朝向、体形系数、开窗形式、采光遮阳、室内空间布局等适应性设计,并在此基础上通过性能化设计方法优化围护结构保温、隔热、遮阳等关键性能参数,最大限度地降低建筑供暖耗热量和空调耗冷量,是降低居住建筑能耗,深入贯彻落实重庆市绿色建筑创建行动的有效方法和重要途径。因此,本部分重点分析了重庆市居住建筑的建筑性能化设计以及被动式节能技术中自然通风的应用情况,为推进居住建筑的绿色发展提供相关基础依据。

4.1.2 居住建筑性能化设计现状分析

性能化建筑设计以建筑性能为出发点,以定量的科学模拟与数据核算为支撑,以规范化的相关建筑法律、法规为准则,精确地设计建筑具体性能,从而减少能量的消耗,提高使用者的舒适度。与传统的建筑设计方法不同,性能化建筑设计方法更加注重气候、环境等因素的引导设计、定性设计方法的定量化、定量设计方法的可视化,同时更加注重集成技术的最优化设计。以性能化为导向的建筑设计工作方法可以创造出更能体现建筑性能的绿色建筑。为了解当前重庆市居住建筑性能化设计方法的实际使用情况和设计水平,分析设计方法对建筑性能的改善和对建筑节能效果的影响,本部分开展了关于居住建筑性能化设计的调研。调研围绕建筑群性能(室外风环境、室外热环境和建筑遮阳与日影)和单体建筑性能(建筑热性能、自然通风、天然采光性能、遮阳性能)设计中相关技术措施和设计方法的运用情况、依据和目的、达到的效果等开展,收集了来自重庆市各设计单位的有效问卷76份,经整理分析得到如下结果。

1. 重庆市现阶段居住建筑性能化设计情况分析

1）建筑群性能设计分析

(1)住宅室外风环境。

随着绿色建筑的发展，计算机仿真技术成为实现性能化设计可视化可量化的重要途径。使用计算机模拟手段渗透入建筑设计的各个阶段，在绿色建筑的应用范围主要包括建筑风、声、光、热环境性能、设备系统性能等。

关于室外风环境性能设计中，通过仿真模拟分析，可以定量分析方案风环境的优劣，对不同方案形成的风环境状况进行预测评价，为其比较选择提供直观的量化数据与依据。故本次主要调研了住宅室外风环境设计中是否进行住宅建筑群风环境模拟、风环境模拟效果判断的依据因素、室外风环境模拟结果的主要用途这三个方面的情况，如图4.1所示。结果得到，有49.2%的设计人员在设计时会对住宅建筑群进行风环境模拟，而50.8%的设计人员没有使用模拟手段。在进行了风环境模拟的设计人员中，31.0%的设计人员用室外风环境模拟结果指导建筑布局、朝向的设置，用模拟结果判断是否满足相关标准、规范中的要求，以及分析建筑立面风压分布，为自然通风设计提供基础的设计人员均为27.6%，而用模拟结果为场地风速、放大系数的确定提供基础依据的人数占比最小，为13.8%。

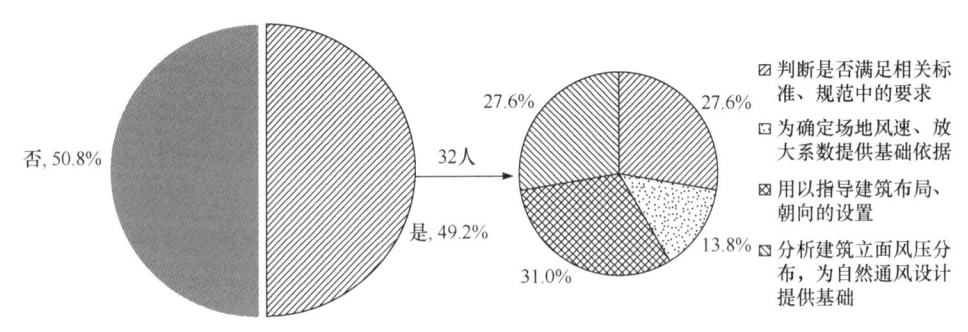

图4.1 是否对住宅建筑群进行风环境模拟及模拟目的

调研也得到，风环境模拟效果主要依据风速、风向的情况进行判断，占比分别为27%和26%，同时有23%的设计人员和20%的设计人员依据建筑室内外气压差值、污染气体流向等因素进行效果判断。此外，有1%设计人员还指出会依据建筑形式，建筑密度、局地风场、地形地貌，风压、旋涡区及无风区，风流动均衡度等因素进行风环境模拟效果判断（图4.2）。

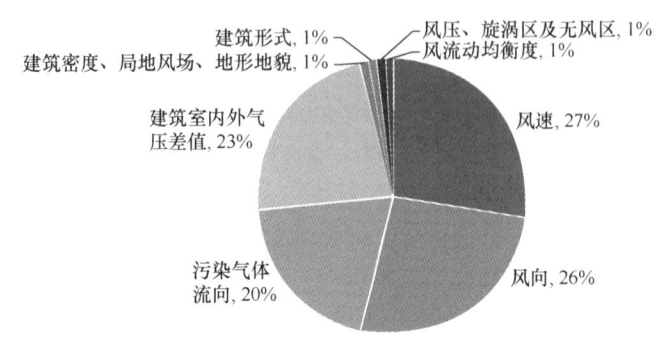

图4.2 风环境模拟效果判断的依据因素

从以上调研结果可以看出，住宅室外风环境的设计现状为：①对于性能化设计方法中模拟软件使用情况上，没有使用风环境模拟软件对住宅建筑群风环境进行模拟的设计人员人数较使用了模拟软件的人数多，近一半的设计人员没有考虑使用软件预测室外风环境状况；②在设计时，建筑群风环境模拟的目的主要是指导建筑布局、朝向的设置，以及判断是否满足相关标准、规范中的要求及分析建筑立面风压分布，为自然通风设计提供基础，但很少考虑到依据模拟结果确定场地风速、放大系数。可以看出当前基本上半数的设计人员在进行设计时会考虑到室外风环境对于建筑整体的影响。③设计时，模拟结果判断的依据因素包括风速，风向，建筑室内外气压差值，污染气体流向，建筑密度、局地风场、地形地貌，建筑形式，风压、旋涡区及无风区，风流动均衡度等，能多角度、多方面地判断模拟效果。

(2) 室外热环境。

建筑室外热环境的优劣对建筑是否能可持续发展至关重要，建筑室外热环境的优化不仅有利于降低建筑能耗，还有利于改善城市热岛效应。如果在规划设计的初期就对建筑物周围热环境进行分析，并对规划设计方案进行优化，将有效地改善建筑物周围的热环境，创造舒适的室外活动空间。

关于室外热环境性能化设计的内容，本次调研了设计人员在设计时是否进行室外热环境模拟、热环境模拟的结果和目的，结果如图 4.3 所示。分析调研结果，在参与相关设计的人员中，仅有 39.4%的设计人员在设计时会对室外热环境进行模拟，60.6%的设计人员没有使用模拟手段。热环境模拟的目的中 40.7%主要用以判断是否满足相关标准、规范中的要求，30.5%用以布置绿化、水景，指导改善热环境，28.8%用以指导建筑布局。其中建筑布局对建筑性能的影响较大，故本次还调研了使用热环境模拟的结果指导建筑布局目的，得到为优化建筑群间气流、排热，改善热岛现象，优化自然通风设计这三种目的的占比相同，均为 33.3%。

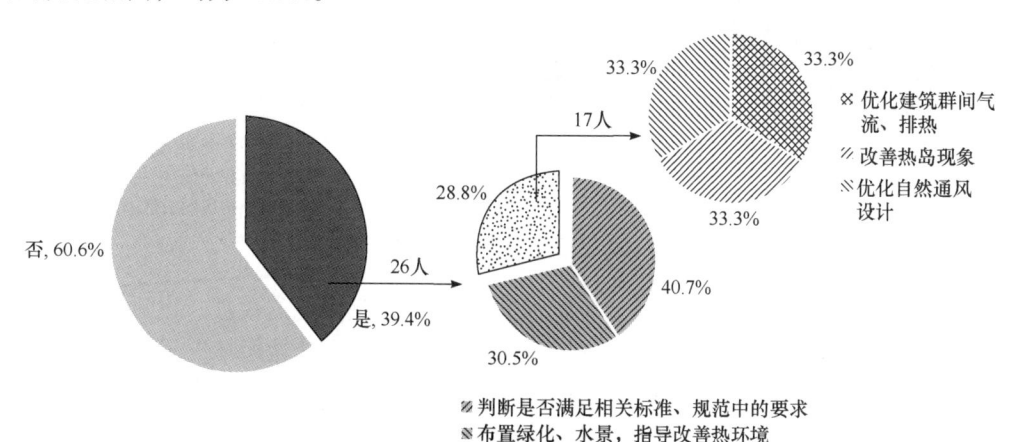

图 4.3　是否对住宅建筑群进行热环境模拟及模拟目的

受到四舍五入的影响，图中部分占比加和不等于 100%

分析以上调研结果，可以看出相较于室外风环境模拟，对室外热环境进行了模拟的设计人员人数少，可能的原因包括：一是现重庆市《居住建筑节能65%(绿色建筑)设计标准》(DBJ50-071—2020)中未对室外热环境模拟提出硬性规定和要求，且现有的室外热环境模拟计算软件计算模型复杂，计算耗时过长，故在设计时大部分人员不会进行室外热环境模拟；二是受建筑特征影响，不同设计形式住宅的具体情况不相同，对某一区域行之有效的措施，不一定对其他区域适用，对每个项目都进行热环境模拟的工作量较大。

在室外热环境性能化设计对于建筑性能效果改善方面，可以看出改善建筑布局能达到对建筑性能优化的效果涉及自然通风、热岛效应以及建筑群间气流组织，但现设计手段的运用在满足标注要求的基础上，更多考虑的是与热环境直接相关的绿化、水体的蓄热等，对指导建筑布局的考虑有待加强。

(3)建筑遮阳与日影。

调研结果如图4.4所示，设计时进行了日照模拟的设计人员人数占比达到68.2%，未考虑进行日照模拟人数占比为31.8%。在进行了日照模拟的人员中，26%的设计人员模拟的目的是得出建筑可接受太阳直射建筑立面的全年日照时数，24%的设计人员模拟的目的是得出不同布局形式建筑群全天的阴影范围，14%的设计人员模拟的目的是对所得量化结果进行计算和分析，13%的设计人员模拟的目的是为确定太阳能利用提供基础依据，11%的设计人员模拟的目的是指导光热、光电应用量分析，10%的设计人员模拟的目的是判断建筑群的夏季微环境好坏，而模拟的目的是验证凹槽房间天然采光系数和计算日照时间的设计人员均占1%。

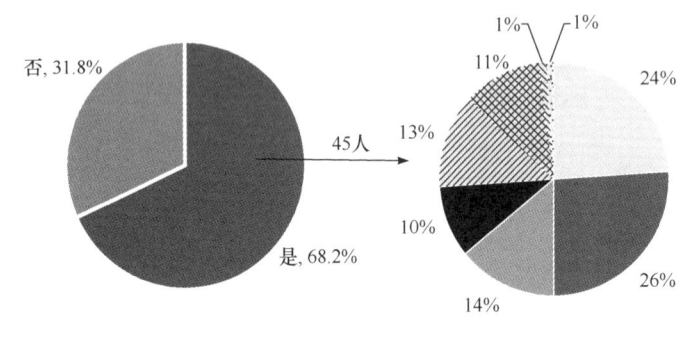

图4.4 是否对住宅建筑群进行日照模拟及模拟目的

以上结果表明在当前的设计中，相较室外风环境和热环境的模拟，设计时进行日照模拟的设计人员人数占比最大，即日照部分的性能化设计方法使用情况较风环境和热环境部分的好。大部分的设计人员都采用了模拟手段对日照性能进行改善，体现出当前该性能的设计结果可靠性和科学性较其他性能的强。得到全年日照数和建筑群全天的阴影范围是模拟的主要目的，对进一步判断性能效果能够起到作用，但目的中涉及能进一步改善日照性能效果的方法以及对其他性能也产生改善效果的考虑人数占比不算太多。

关于遮阳性能部分，调研得到74.6%的设计人员在设计时会考虑建筑群遮阳问题，而25.4%的人员没进行考虑。采用计算机模拟建筑遮阳，可以观察和预测不同遮阳方式的遮阳效果，判断建筑应选择的遮阳方式，优化建筑群的遮阳设计。在考虑了建筑群遮阳设计的人员中，只有35.4%的人员进行了建筑群遮阳模拟，而64.6%的设计人员未进行建筑群遮阳模拟；在遮阳设计中，55.2%的设计人员使用的遮阳方式为通过建筑自身遮阳，40%左右的设计人员通过周边环境和建筑进行遮阳，如图4.5所示。

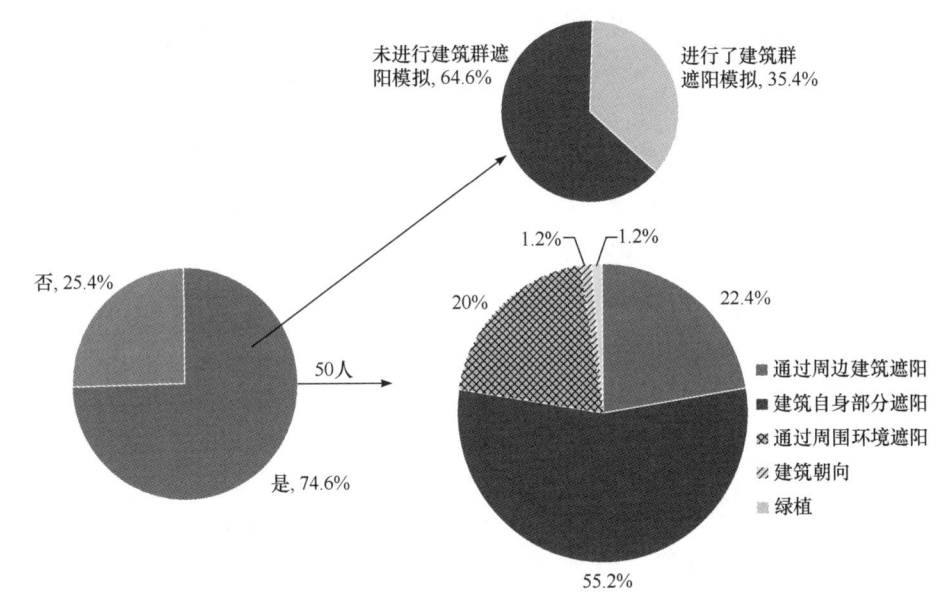

图4.5 是否考虑住宅建筑群的遮阳情况、常用做法及模拟情况

2) 单体建筑性能设计

(1) 围护结构的性能。

关于围护结构性能部分，本次调研了当前设计常用的围护结构材料（外墙材料、墙体保温材料、常用外窗类型、常用玻璃类型、常用窗框材料、外表面材料）的选用情况，选项所设置材料来自重庆市《居住建筑节能65%（绿色建筑）设计标准》(DBJ50-071—2020)附录中的常见建筑材料，以及关于特殊部位的保温设计等内容，得到结果如下。

(a) 常用外墙材料及外墙保温材料。在所列举的几种常用外墙材料中，蒸压加气混凝土砌块选用占比35.0%，其次是厚壁型烧结页岩空心砖砌体（占比23.4%），以及节能型烧结页岩空心砖砌体（占比19.6%）。其余外墙材料，如普通烧结页岩空心砖砌体、烧结页岩多孔砖砌体也会被选择使用，分别占比11.0%和10.4%，但不作为主要选用材料；在设计时，几乎不选用空心黏土砖作为外墙材料，如图4.6(a)所示。

列举的几种常用外墙保温材料中，当前常用的两大墙体保温材料为纤维增强改性发泡水泥保温板、垂直纤维岩棉板，分别占28.3%和26.2%。其次有20.0%设计人员会选用难燃型挤塑聚苯板，12.3%人员选用玻化微珠无机保温板，仅9.7%人员会选用难燃型膨胀聚苯板等材料。调研得到，除了上述材料外，设计时还会使用自保温材料、蒸压加气混凝土砌块（薄块）等作为墙体保温材料，如图4.6(b)所示。

但随着重庆市住房和城乡建设委员会《关于禁限民用建筑外墙外保温工程有关技术要求》通知的发布，相关材料的应用将可能出现较大的改动。

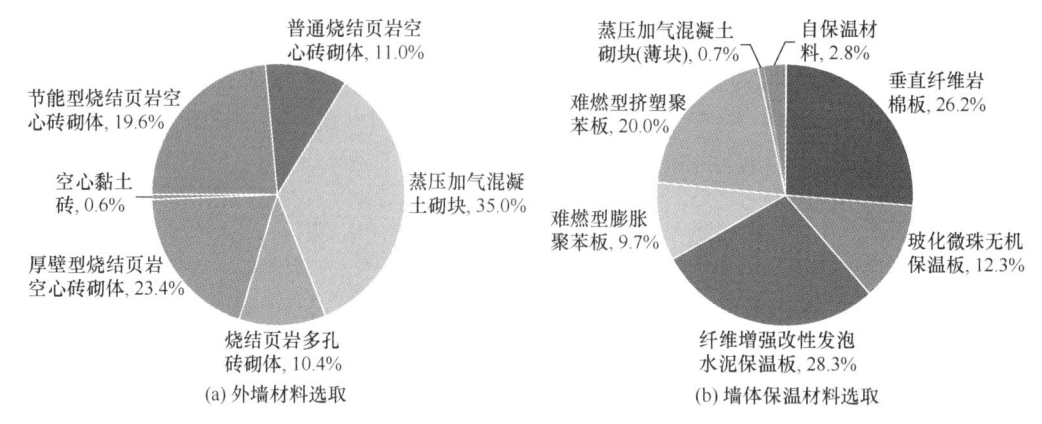

图 4.6　常用墙体保温材料

(b)外窗、玻璃以及窗框材料选用。近一半的设计人员选用的外窗类型为中空双层玻璃窗，22.9%设计人员会选用中空充惰性气体的外窗，16.8%人员会选用中空三层玻璃窗，单玻外窗选用较少。关于玻璃材料的选用，57.4%的设计人员选用了低辐射镀膜玻璃（low-emission glass，简称 Low-E 玻璃），普通玻璃、镀膜玻璃选用占比分别为 23.2%和 19.4%。窗框材料的选用情况，铝合金材料窗框和断热窗框为主要选择的材料，占比分别为 37.9%和 37.0%，塑钢窗选用次之，占比 20.7%，钢窗选用人数较小，只占比 4.4%，如图 4.7 所示。

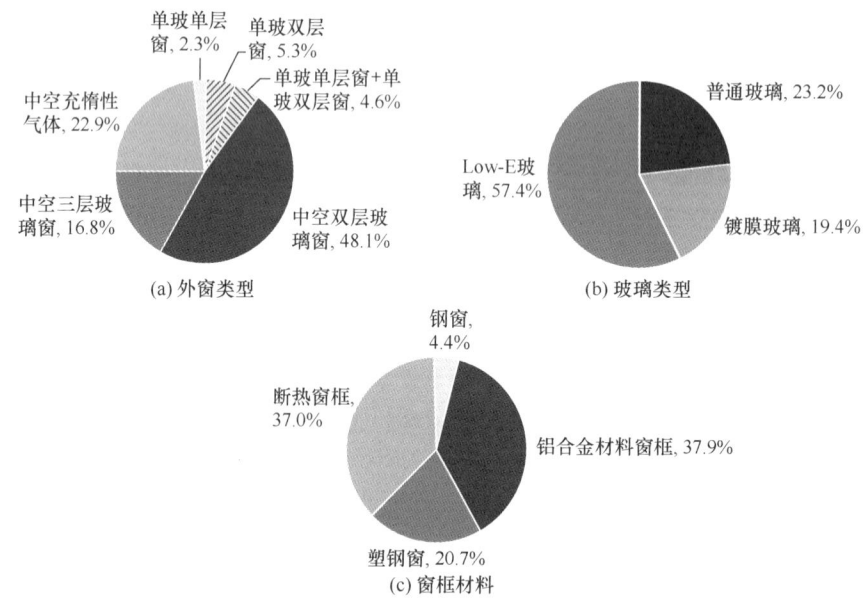

图 4.7　常用外窗、玻璃以及窗框材料

(c)外表面材料的选用情况及特殊部位的保温设计。由于东西向太阳辐射较其他方向大，故不同朝向设计传热系数不同的外表面材料能更加节能，但本次调研设计人员设计时是否考虑住宅东、西墙和屋顶的外表面材料选用和其他表面不同的结果为，67.2%的设计人员不会考虑外表面材料按照不同朝向进行不同设置。这也反映出在设计阶段,一些围护结构性能的节能设计措施没有被设计人员所重视,设计阶段的节能还有较大优化空间,如图4.8所示。

(d)特殊部位的保温设计。关于特殊部位的保温设计问题,92%的设计人员表示采用飘窗时,飘窗的上下挑板等特殊部位会设置保温措施。现行业标准《夏热冬冷地区居住建筑节能设计标准》(JGJ 134—2010)中4.0.10条规定,对凸窗不透明的上顶板、下底板和侧板,应进行保温处理,且板的传热系数不应低于外墙的传热系数的限值要求。可以看出,标准中有关于特殊部位保温的要求,且绝大多数设计人员在设计时注意特殊部位保温以及满足相关标准、规范要求,如图4.9所示。

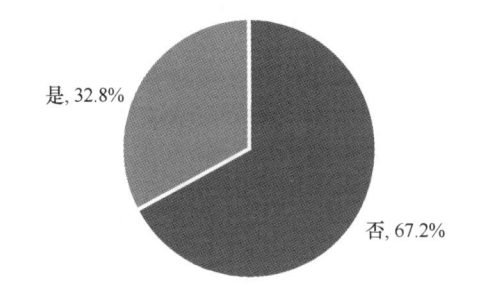

图4.8 是否考虑住宅东、西墙和屋顶的外表面材料选用和其他表面不同

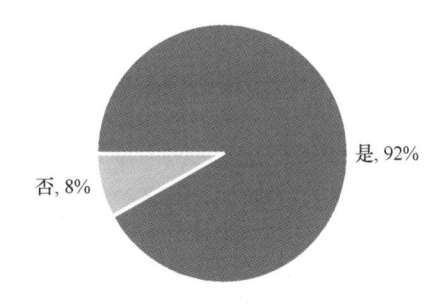

图4.9 是否考虑在飘窗的上下挑板等特殊部位设计保温措施

(2)天然采光性能。

在建筑物中充分利用天然光不仅可减少照明用电时间,达到节能的目的,还可以改善室内的光环境,使人感到舒适,有利于健康。为了解天然采光性能部分定量化设计以及是否有规范的准则引导等问题,本次调研了采光量的测算与否和测算依据、采光口的设计考虑等内容,结果如下。

(a)采光量的测算与否和测算依据。对建筑采光进行测算能对室内光环境质量做出正确评价,进而了解建筑物采光设计的实际效果和存在的问题,以便采取有针对性的解决措施。调研得到有56.9%的设计人员对采光量的多少进行了测算,有43.1%设计人员则未进行。在进行了采光量测算的人员中,按照标准要求的窗墙比确定采光量和通过计算采光系数确定采光量这两种设计做法的人数大致相等,即两种方式在设计时都会使用,如图4.10所示。同时,也有设计人员指出,设计时会根据建筑形态初判采光量。以上结果

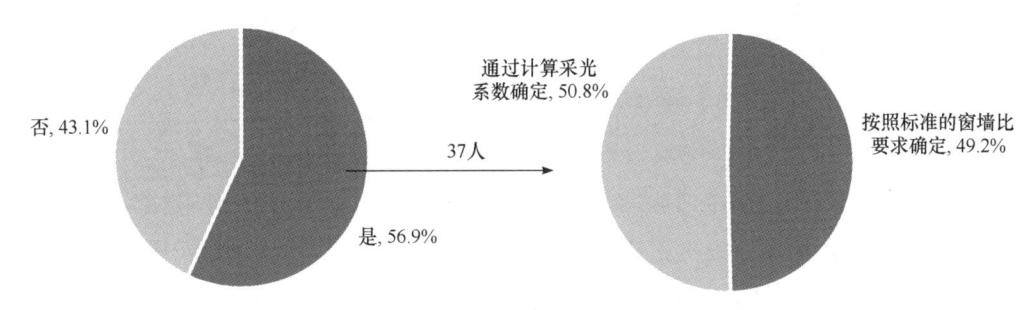

图4.10 采光量的测算与否和测算依据

反映出现阶段采光性能量化的设计方式近一半的设计人员并没有采用，会对采光设计的实际效果产生影响。而在设计依据上，当前设计中采用的考虑窗墙比和考虑采光系数这两种设计做法，实际设计效果可能因为不同设计方法而存在不同。

(b)采光口的设计考虑。关于采光口的设计考虑，有60%以上设计人员设计采光口时考虑了采光口的大小、位置和朝向，48.68%以上的设计人员考虑了日照采光系数要求，40.79%的人员考虑了开启朝向，也有设计人员通过经验进行设计，如结合造型和立面效果设计采光口、保证采光房间进深不能过大等，如图4.11所示。重庆市《居住建筑节能65%(绿色建筑)设计标准》(DBJ50-071—2020)中对房间应达到的采光系数值提出了要求，但从本次调研的结果中看出，设计人员在采光口设计阶段对采光系数的重视程度不够，可能会导致后续设计效果不佳。

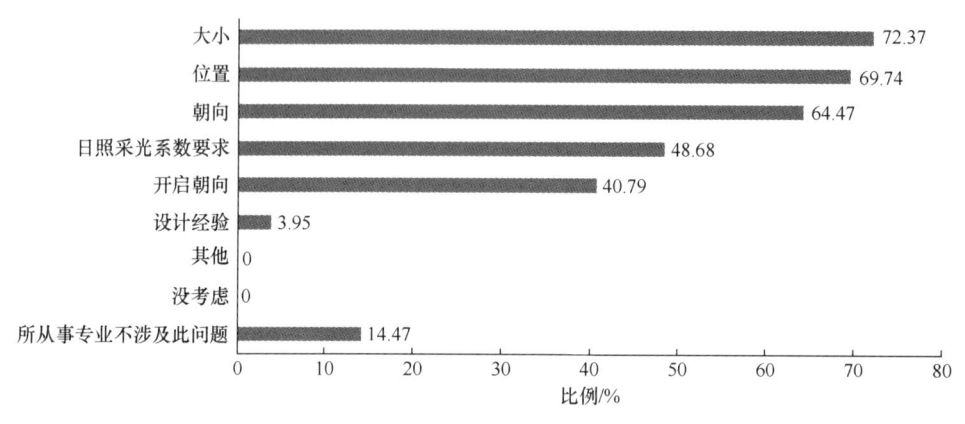

图4.11 采光口设计考虑的因素

关于采光口朝向设计方面，89.1%的设计人员表示采光口的朝向会根据房间的功能进行不同的考虑。整体住宅采光窗的朝向多是南向和东南向设计，也有部分设计人员会选择西南和东向朝向，西向、西北、东北朝向则较少考虑。可以看出在采光口设计中，设计人员考虑到了气候和环境等因素对采光的影响，如图4.12所示。

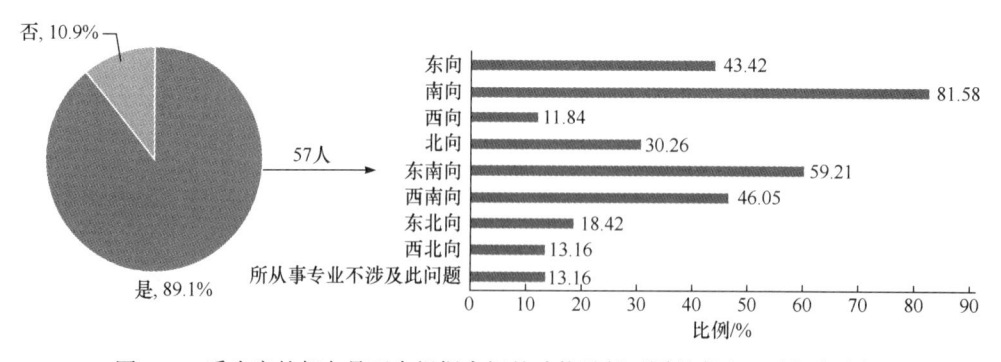

图4.12 采光窗的朝向是否会根据房间的功能进行不同的考虑以及朝向选择

(3)自然通风性能。

自然通风技术广泛应用于现代建筑节能中，是改善室内空气品质和降低空调能耗的重要技术手段。但自然通风的效果受到多因素的影响，本次调研希望了解是否进行了通风性能化设计，以及设计方法对通风效果改善是否起到实际作用，故调研了风环境分析及其目的、室内自然通风设计考虑因素以及外窗设计方面的问题，得到调研结果如下。

(a) 风环境分析及其目的。调研得到，46.3%的设计人员会进行室内风环境模拟分析，53.7%的人员则不会进行室内风环境模拟分析。74.19%的设计人员进行室内风环境模拟分析的目的是满足相关标准达标要求，67.74%的设计人员用来分析室内流场，54.84%的设计人员用来分析通风量，以及指导门窗开口朝向、大小、形式。仅38.71%的设计人员会使用室内风环境模拟分析结果去分析热舒适等级分布，如图4.13所示。结果体现出对于自然通风的性能化设计情况不理想，不进行模拟的人员较进行模拟的人员占比大；从分析目的中可以看出，满足标准要求是现自然通风设计中最主要的目的，但对实际通风效果产生改善作用的做法如分析室内流场情况、优化门窗开口设计等内容设计人员在设计时也会进行考虑分析，表明自然通风性能化设计方法随着标准的推进已经发挥了一定的作用，但仍需更大程度地应用于实际工程。

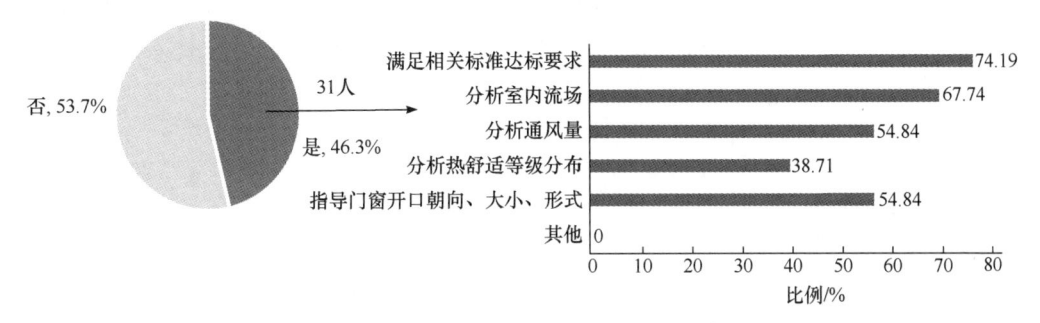

图 4.13 是否进行室内风环境模拟分析及其目的

(b) 室内自然通风设计考虑因素。调研得到室内自然通风设计主要考虑的因素占比从大到小为：①外窗的可开启面积占比84.21%；②门、窗的位置占比71.05%；③常年主导风向占比57.89%；④室内外风环境模拟结果占比32.89%。此外，1%的设计人员还会考虑其他因素，如气流组织路径，消防、节能、通风的均匀度、造价等问题，室内污染物浓度等。实际自然通风效果与气流组织路径息息相关，而外窗的可开启面积、位置以及主导的风向是影响气流组织路径的重要因素，从调研结果来看，当前设计对这些因素重视程度良好，但使用性能化设计手段指导优化通风效果方面的应用还存在不足。值得注意的是，有3.95%的设计人员设计时没考虑影响自然通风的众多因素，虽占比较小，但是对设计效果也存在一定的影响，如图4.14所示。

(c) 外窗设计。建筑物开口的优化配置以及开口的尺寸、窗户开洞面积比例等的合理设计，直接影响着建筑物内部的空气流动以及通风效果。开口大则气流场较大，流速较缓；缩小开口面积，流速虽然相对增加，但气流场缩小。以夏季主导风向为基准，在迎风面窗户开洞面积与背风面窗户开洞面积是否设计有一定的比例[①]方面，45.2%的设计人

---

① 该比例是以迎风面面积为基准，用背风面面积进行对比。

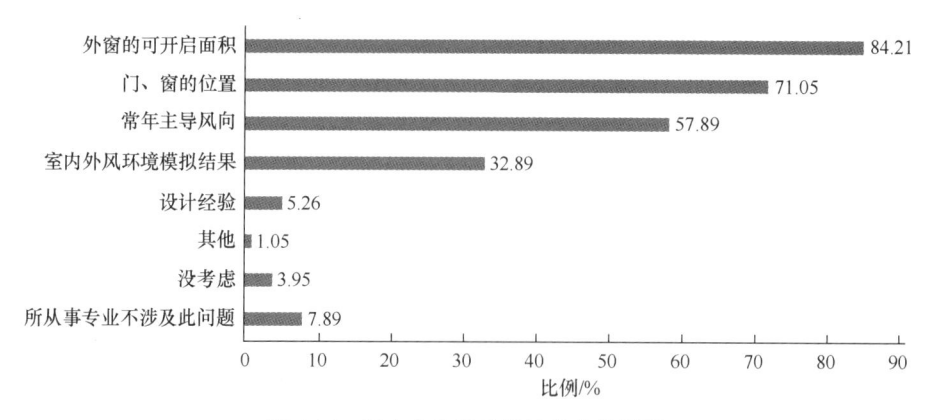

图 4.14 室内自然通风设计考虑的因素

员考虑了开洞比例问题,而 54.8%的设计人员没有考虑到开洞比例问题。在考虑到开洞比例的设计人员中,大部分设计方式为使迎风面开洞面积大于背风面开洞面积;但有 35.71%的设计人员表示比例不确定,会根据实际项目情况进行考虑。故当前设计中对开口的优化配置考虑还不够全面,即使考虑优化配置,但还存在很大一部分设计人员不确定具体的量化值,如图 4.15 所示。

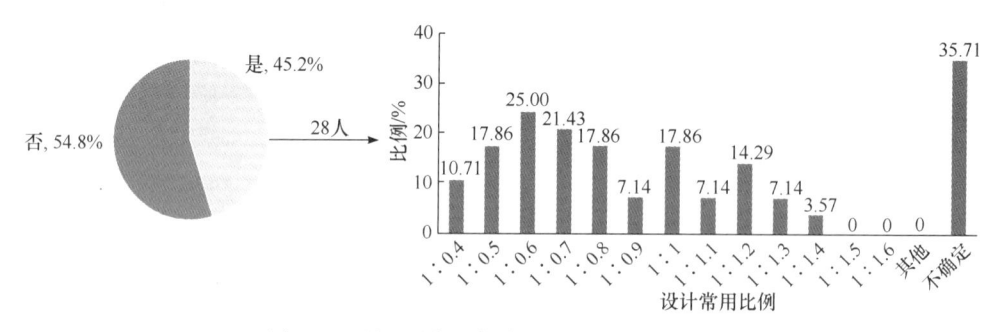

图 4.15 是否进行比例考虑及设计常用的比例

(4)遮阳性能。

良好的建筑遮阳设计能有效地防止太阳辐射进入室内,不仅可以改善室内热环境,而且可以大大降低建筑的夏季空调制冷负荷;同时,还能有效地防止眩光,起到改善室内光环境的作用。本次调研了遮阳位置及遮阳调节方式、遮阳板设计考虑的因素,以及遮阳板尺寸、位置、形式的确定考虑的因素等,结果如下。

(a)遮阳位置及遮阳调节方式。遮阳位置当前设计做法为 80.0%设计为外遮阳,遮阳调节方式 66.2%为固定式。通过研究发现,外遮阳对于建筑整体降低能耗方面有着重大的作用,建筑外遮阳系统既可有效遮挡紫外线和辐射热,又可调节光线强度,防止眩光,还能有效地抑制室内温度,降低空调能耗,节约建筑能耗。可以看出大部分设计人员均考虑使用外遮阳方式,当前设计对于遮阳位置的考虑效果较好。而遮阳调节方式中考虑设计活动式外遮阳的仅占三成,活动式外遮阳具有应用面更广、可调节的巨大优势,是节能建筑进一步改善外围护结构节能薄弱部位——门窗的优选措施和产品。从设计现状来看,对于遮阳调节方式的设计还有可优化空间,如图 4.16 所示。

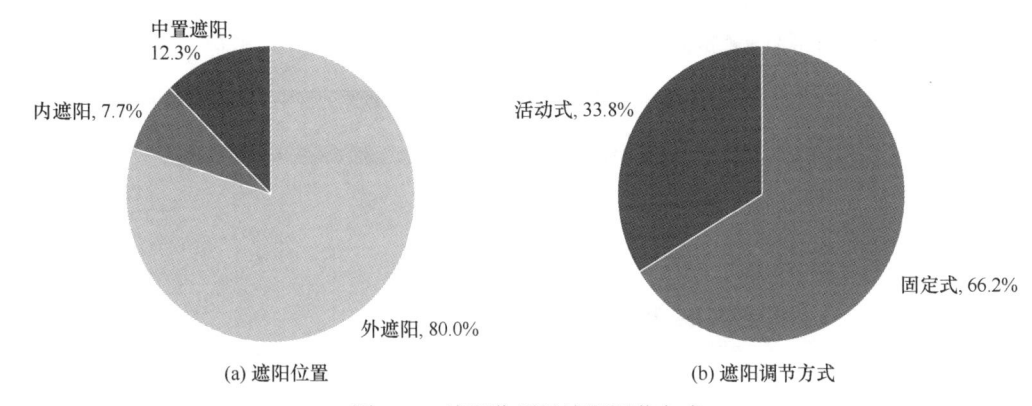

第 4 章 重庆市建筑性能化设计现状调研分析 · 53 ·

图 4.16 遮阳位置及遮阳调节方式

(b) 遮阳板设计。遮阳板设计中对间接影响遮阳性能的因素的考虑，以及尺寸、位置、形式的确定依据对遮阳性能有较大的影响。本次调研得到遮阳板的设计对间接影响遮阳性能的因素考虑中，63.16%的设计人员考虑的是是否遮挡视线，61.84%的设计人员考虑了是否遮挡间接散射光导致室内照度不够，46.05%的设计人员考虑了是否影响房间自然通风，同时也有 11.84%的设计人员在设计遮阳板时，没有考虑上述因素，如图 4.17 所示。从调研结果中可以看出遮阳板设计时，考虑首要因素是与光环境相关的内容，然后才考虑对建筑其他性能的影响。

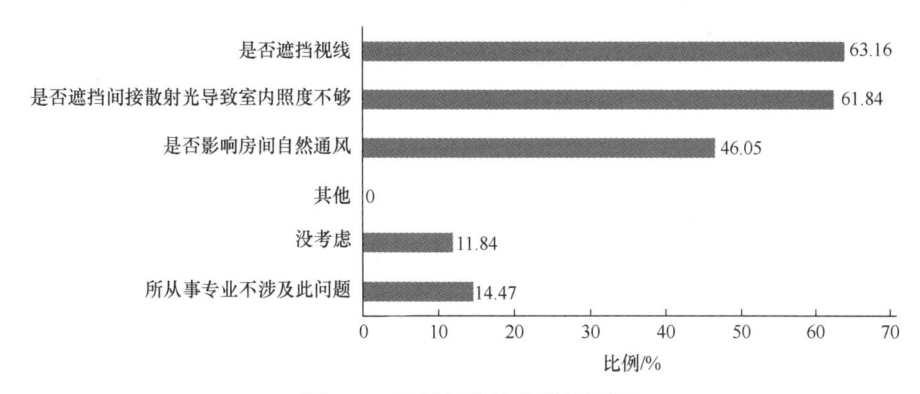

图 4.17 遮阳板设计考虑的问题

遮阳板尺寸、位置、形式的确定主要考虑了开口朝向和遮阳系数因素，占比均为 69.74%。太阳辐射分布也会考虑，但考虑的人数占比较小，为 35.53%，如图 4.18 所示。重庆市《居住建筑节能 65%(绿色建筑)设计标准》(DBJ50-071—2020)中关于遮阳性能的量化指标主要是对遮阳系数提出要求，从调研结果中反映出当前设计中对于标准要求的指标关注情况良好，同时能结合环境因素对不同朝向进行不同设计考虑。太阳辐射分布对降低建筑能耗，达到建筑节能具有重大的意义，而调研结果显示当前遮阳板的设计中对太阳辐射分布进行考虑的设计人员仅约占三成。由于建筑各朝向表面的太阳辐射分布情况不同，在遮阳设计中忽略太阳辐射分布可能会导致不同朝向开口的实际遮阳效果不佳。

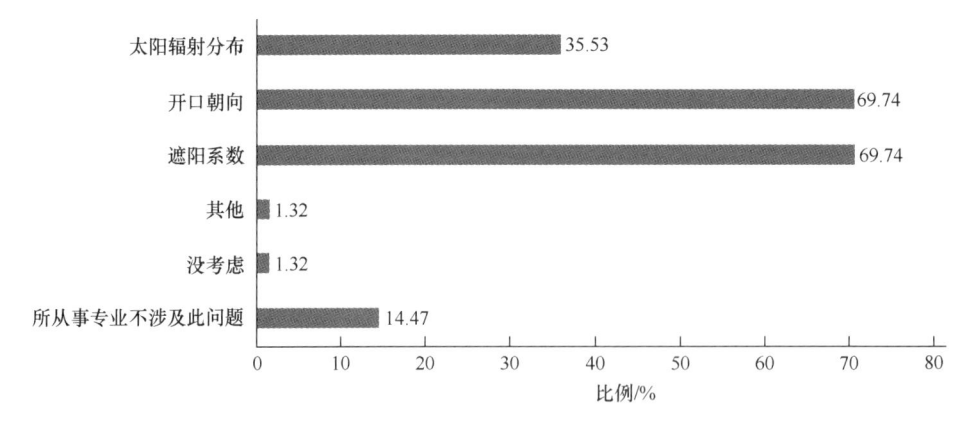

图 4.18 遮阳板尺寸、位置、形式的确定考虑因素

(5)能源收集和循环使用的措施。调研得到大部分设计人员都考虑到使用能源收集和循环使用的措施,且设计时使用最多的措施为雨水收集系统,其次是太阳能利用装置,过半数的设计人员也考虑设计水利用循环系统,也有设计人员考虑其他(使用冷却水余热利用、风力利用及通风空调系统能量回收措施),如图 4.19 所示。

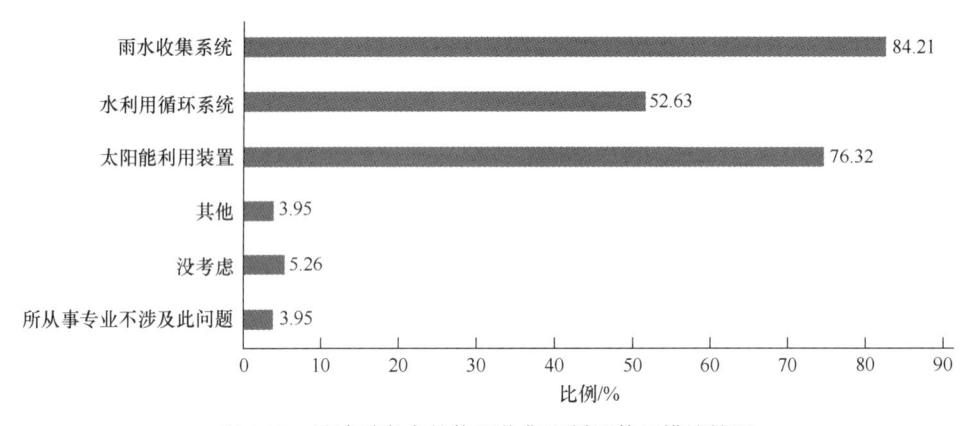

图 4.19 设计时考虑的能源收集和循环使用措施情况

2. 设计存在的问题和阻碍

1)建筑性能数值模拟和方案优化分析的缺失

计算机辅助的建筑性能数值模拟分析技术是性能化设计中的重要手段,在本次调研得到的结果中,建筑各项性能的模拟优化情况较为不同,大多数设计人员主要考虑的是对住宅建筑的自然通风效果、自然采光效果以及围护结构的保温隔热效果等进行参数量化和定量评估,以及进行日照模拟;对于建筑群的室外热环境、建筑群体遮阳模拟优化、建筑群的风环境方面的设计方案模拟优化考虑得较少,如图 4.20 所示。由此反映出可能由于成本、模拟方式及效果等因素的限制,设计人员不重视建筑某些性能的模拟,也反映出相关标准和规范中对模拟优化部分考虑不全面,要求不严格。

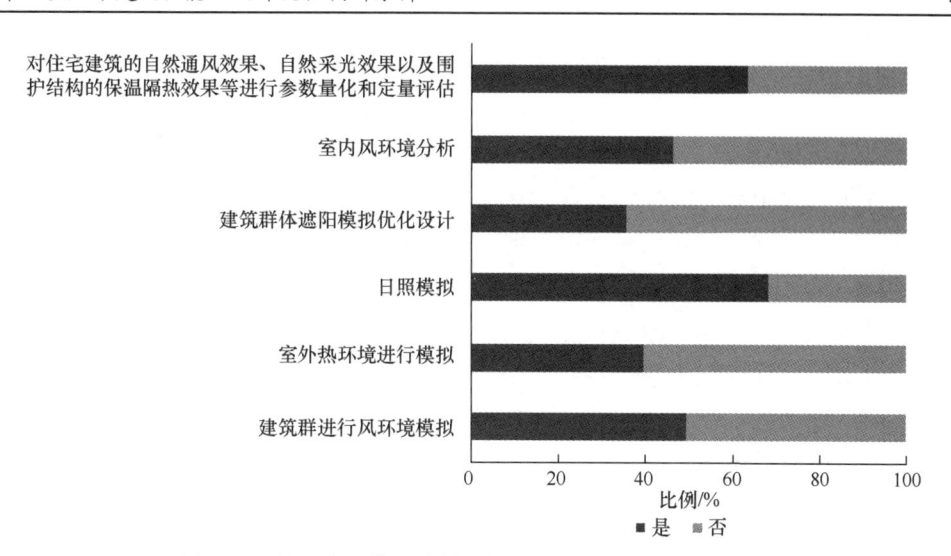

图 4.20 是否考虑使用计算机辅助模拟优化建筑各项性能

2) 部分设计方案的优化目标和预期达到效果单一

调研表明设计人员的大部分设计做法的优化目的考虑较为全面，能使建筑性能得到良好的提升，如使用热环境模拟的结果指导建筑布局，从而达到优化建筑群间气流、排热，改善热岛现象，以及优化自然通风设计的目的。但部分设计做法的目的考虑方面较少，如建筑群的性能中的日照模拟，只有 40%的设计人员会对所得量化结果进行计算和分析，30%左右的设计人员会用模拟所得结果判断建筑群的夏季微环境好坏及为确定太阳能利用提供基础依据，并用结果指导光热、光电应用量的分析；建筑自然通风性能设计中进行风环境分析目的多是满足相关标准达标要求和分析室内流场情况，但对于通过风环境分析而优化通风量、门窗开口大小、形式和热舒适等级分布等影响建筑性能因素的考虑较少。反映出现阶段部分设计方案的优化目标和预期达到效果单一，模拟优化结果用以指导多方面设计效果有待加强。

3) 部分设计做法对建筑性能的影响因素考虑不全面

调研结果也反映出，设计人员部分设计做法对建筑性能的影响因素考虑不全面，一些性能的节能设计措施没有被设计人员所重视，设计阶段的节能还有较大优化空间。例如，在单体建筑的热工性能中对围护结构材料进行不同朝向的考虑；单体建筑天然采光性能设计中采光口设计时考虑的因素并不全面；自然通风性能设计中，迎风面与背风面自然通风开口面积比例问题等。

4) 综合考虑影响建筑性能的因素间的关联性有所忽略

影响建筑性能的各因素并不是单独作用，而存在交互性，一项设计做法可能会提升建筑的不同性能，如使用热环境模拟结果指导建筑布局，不仅可以改善热岛现象，同时还可以优化自然通风设计。本次调研得到设计人员对天然采光性能的设计与其他功能（如自然通风）的结合方面，遮阳性能设计中的遮阳板设计与自然通风路径方面的考虑有所忽略，对综合考虑影响建筑性能的因素间的关联性方面还需重视。

4.1.3 自然通风技术应用现状分析

1. 现有规范及标准

目前尚未有完全针对居住建筑自然通风的标准规范，但有关规范中有少量涉及对建筑自然通风的设计要求。通过对国家或地方的规范、标准的整理，目前，我国对建筑自然通风的设计提出要求的标准规范主要如下。

1）国家标准
- 《住宅设计规范》（GB 50096—2011）
- 《民用建筑热工设计规范》（GB 50176—2016）
- 《民用建筑供暖通风与空气调节设计规范》（GB 50736—2012）
- 《民用建筑设计统一标准》（GB 50352—2019）
- 《住宅建筑规范》（GB 50368—2005）
- 《绿色建筑评价标准》（GB/T 50378—2019）
- 《建筑节能与可再生能源利用通用规范》（GB 55015—2021）
- 《建筑环境通用规范》（GB 55016—2021）

2）行业标准
- 《民用建筑绿色设计规范》（JGJ/T229—2010）
- 《宿舍建筑设计规范》（JGJ 36—2016）
- 《住宅室内装饰装修设计规范》（JGJ 367—2015）
- 《民用建筑绿色性能计算标准》（JGJ/T 449—2018）

3）地方标准
- 重庆市《居住建筑节能65%（绿色建筑）设计标准》（DBJ50-071—2020）
- 重庆市《绿色建筑评价标准》（DBJ 50/T-066—2002）

4）国际标准
- *International Building Code*（2018 版）
- *International Mechanical Code*

2. 规范及标准内容总结

1）基本要求

各类标准均明确住宅以自然通风为主，优先采用自然通风清除建筑物余热、余湿，以及对室内污染物浓度进行控制。当室外空气污染、噪声污染严重或当自然通风不能满足通风换气要求时使用机械通风。

2）室外风环境

除当地气候特征外，建筑群布局也是影响室外风环境的重要因素，而室外风环境将直接影响住宅自然通风效果。然而涉及室外风环境要求的标准较少，只有简单定性规定，如建筑群布局采用错列式、斜列式①，建筑群留出通风通道②等。

3）朝向与体型

建筑朝向的要求主要是利于夏季及过渡季风向，避开冬季风向①②，属于较为成熟的要求。《民用建筑热工设计规范》（GB 50176—2016）对迎风面形状有所要求，迎风面应有凹凸变化，尽量增大凹凸口深度。根据重庆市的气候条件，重庆市《居住建筑节能65%（绿色建筑）设计标准》（DBJ50-071—2020）提出建筑平面布置时，宜使采暖空调空间朝向南偏东15°至南偏西15°，不宜超出南偏东45°至南偏西30°范围。居住建筑60%以上的户数朝向宜为南偏西30°至南偏东30°范围内。可以发现大多数标准和规范主要从节能角度对建筑体型提出要求，很少从通风角度进行考虑。

4）通风窗口

对于通风窗口的要求在各标准中均有较详细的描述，主要分为通风口设置场所、设置位置，以及自然通风开口面积要求等。现标准主要对自然通风开口面积做出了详细的规定，包括套内开口面积和各房间的开口面积等，且从开口设置是否能满足室内气流组织路径和促进自然通风效果等方面考虑条文，如《民用建筑热工设计规范》（GB 50176—2016）中规定按照建筑室内发热量确定进风口总面积，排风口总面积不应小于进风口总面积。此规定能使室内气流流速保持一个舒适的状态，以及规定进风口的洞口平面与主导风向间的夹角不应小于45°。这反映标准考虑到开口设置与气流流动方向的关系，并对此提出要求。但自然通风开口的设置还与室外风速、房间布局和通风窗口的朝向、个数、位置等因素有关，在现有标准规范中，此部分内容没有被提及，存在欠缺和不足。

5）换气次数

自然通风的换气次数并没有太多定量规定。《夏热冬冷地区居住建筑节能设计标准》（JGJ 134—2010）要求在夏热冬冷住宅热环境设计指标中换气次数取1.0次/h（指在房间门窗密闭状态下的换气次数）。《民用建筑供暖通风与空气调节设计规范》（GB 50736—2012）规定了住宅的换气要求，但主要针对机械通风系统。可以看出，在换气次数规定方面，现有的标准和规范对自然通风换气次数方面的要求较少。

6）气流组织

在自然通风的气流组织方面，相关条文较少。《民用建筑热工设计规范》（GB 50176—2016）主要规定了减少通风路径的阻隔，避免出现通风死角，以及室内发热量大，或产生废气、异味的房间，应布置在自然通风路径的下游等；重庆市《居住建筑节能65%（绿色建筑）设计标准》（DBJ50-071—2020）规定居住建筑应分户设计通风季节的自然通风气流路线，确定自然通风的进风口和排风口位置。由于各项目实际工程状况不同，标准对气流组织的要求无法进行统一细致规定，但大原则是要保证气流的路径畅通以及有污染物产生房间布置于气流路径下游。

---

① 见《民用建筑供暖通风与空气调节设计规范》（GB 50736—2012）。

② 见《民用建筑热工设计规范》（GB 50176—2016）。

7) 总结

目前没有专门针对居住建筑自然通风的标准和规范，且相关标准、规范中关于自然通风的内容不够全面，针对性不强，导致重庆市居住建筑在自然通风设计方面没有具体可操作、可控制的技术措施。且自然通风的设计需要多个专业配合进行，目前工程标准中没有系统地从不同角度涵盖不同专业对自然通风设计做出要求和规定，这就导致设计人员设计时没有可参考的依据，对自然通风设计效果判断没有一个统一的标准。

3. 重庆市居住建筑自然通风设计调研

为充分了解重庆市居住建筑在自然通风方面的设计现状，掌握重庆市居住建筑通风设计的常规做法和当前设计存在的问题和阻碍，故对重庆市主要设计机构进行了居住建筑通风设计调研。本次调研从设计过程、生活习惯及需求品质两个方面进行，共收集了来自重庆市主要设计单位的有效问卷 173 份，经初步分析，整理得到初步数据分析结果如下。

1）居住建筑自然通风设计现状分析

（1）自然通风与室内的热湿环境和室内空气质量。

在本次调研中，有 87.6% 的设计人员在设计时考虑到通风对于室内的热湿环境和室内空气质量的影响。在考虑了通风的影响的设计人员中，5.4% 的人只通过经验进行设计；27.0% 的人根据已有标准中自然通风的相关内容进行设计；绝大多数设计人员是通过已有标准和经验同时进行设计，占比 67.6%，如图 4.21 所示。调研结果表明，当前相关标准中有关于自然通风与室内环境关系的内容，绝大多数设计人员在设计时在满足标准要求基础上会结合设计经验对实际项目进行设计。

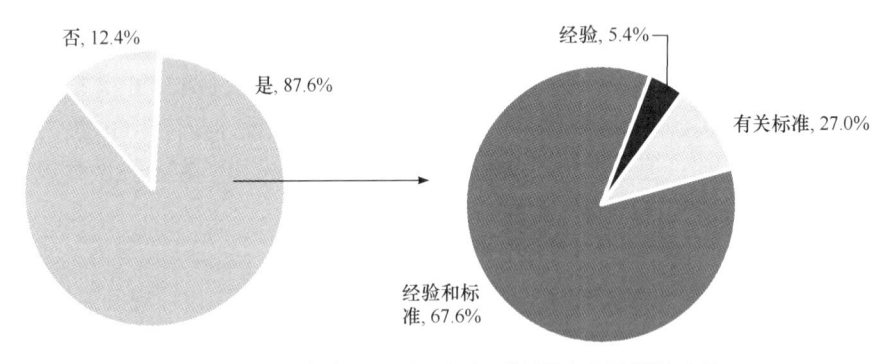

图 4.21 是否考虑通风对于室内环境影响以及设计途径

在判断室内热湿环境和室内空气质量的效果方面，67.11% 的设计人员的考虑是室内热湿环境和室内空气质量相关参数的数值是否在适应性热舒适数值区域范围内；42.76% 的设计人员考虑的是室内热湿环境和室内空气质量相关参数的数值在舒适性数值区域的时间比例；53.29% 的设计人员考虑的是室内热湿环境和室内空气质量相关参数满足相关标准中的指标要求；有 0.66% 的设计人员指出，在设计时考虑其他判断方式，如人自身的感受，如图 4.22 所示。可以反映出在当前设计中，判断通过自然通风改善室内热湿环境和室内空气质量的效果主要还是通过判断参数是否在热舒适区间中，这种设计做法能使自然通风效果满足人体热舒适要求，但效果在舒适性数值区域的时间比例不同，实际效果感受也是不同的，调研中超过一半的设计人员并没有考虑这个问题，故后续进行自然通风设计时，可以增加关于时间比例考虑的要求。

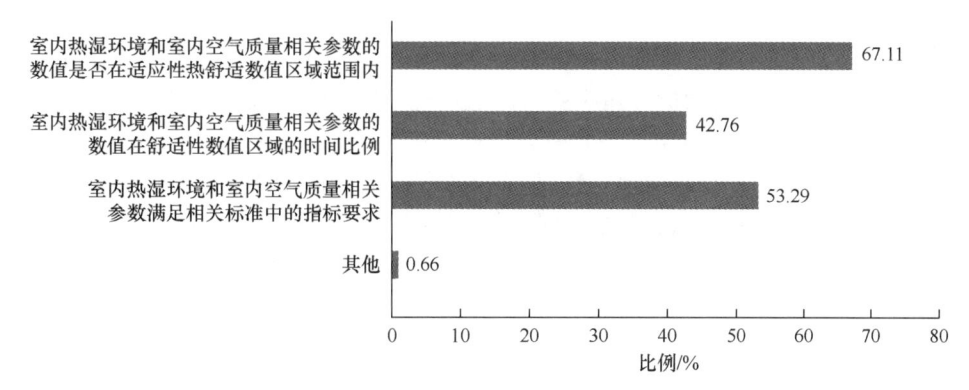

图 4.22 判断室内热湿环境和室内空气质量的效果方式

(2) 室外环境与自然通风。

建筑的布局及形体决定了自然通风的潜力，因此为获得良好的自然通风，应在规划阶段进行室外风环境设计，通过合理的体型、朝向、间距设计以获得良好的自然通风潜力。

在本次调研中，有64.5%的设计人员在设计时考虑到了室外环境对自然通风的影响。由于涉及室外风环境要求的标准较少，故对于室外风环境部分的设计是根据现有标准进行还是根据经验进行的问题，在考虑了室外环境对自然通风有影响的设计人员中，50.3%的设计人员依据经验设计，49.7%设计人员根据相关标准设计，如图4.23所示。二者所占比例接近，表明当前标准内关于室外环境与自然通风的内容还不够支撑实际设计，半数设计人员还需通过设计经验进行自然通风的设计，会产生不同设计人员设计效果不同的情况，且设计质量无法保证。

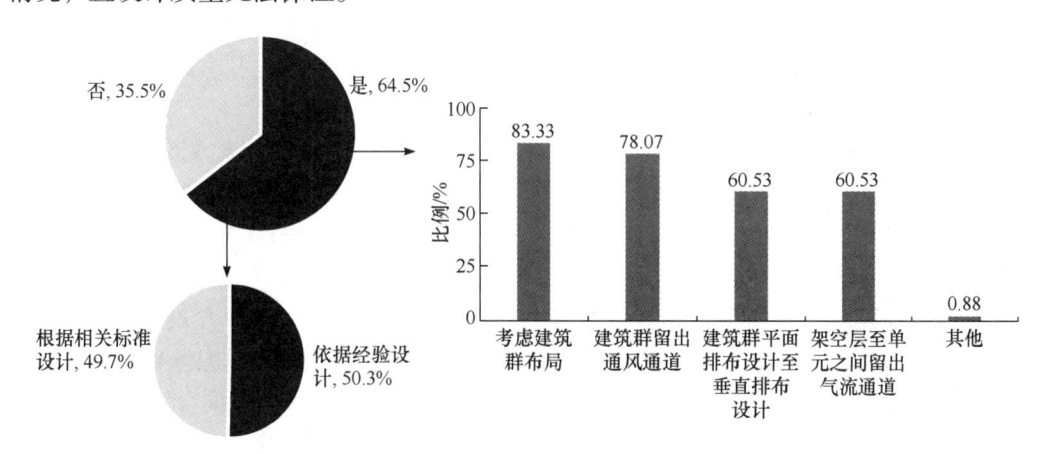

图 4.23 是否考虑室外环境与自然通风以及具体设计方法

同时调研得到室外风环境设计中，83.33%的设计人员以建筑群布局为主要对象，

78.07%的设计人员在设计时会考虑建筑群留出通风通道；60.53%的设计人员会关注建筑群平面设计和在架空层至单元之间留出气流通道。由此可见，对于室外环境的设计中，风环境普遍受到的一定的重视，但是室外环境和室内环境的关联上，还需要进一步的加强。

关于是否对项目用地进行环境分析的问题，有79.6%的设计人员进行了分析，20.4%的设计人员没有关注环境分析。在对项目用地进行环境分析的设计人员中，超80%的设计人员分析了地势是否有高差、高差是处于迎风面还是背风面以及地表是否有显著的障碍物等影响自然通风的地形地势因素，如图4.24所示。由于重庆地区独特的地理环境和城市特征，地势情况对自然通风的影响较大，从调研结果看，在当前的设计中大多数设计人员考虑了对建筑周边环境进行分析，且对环境中影响自然通风的地形地势因素考虑情况较好。

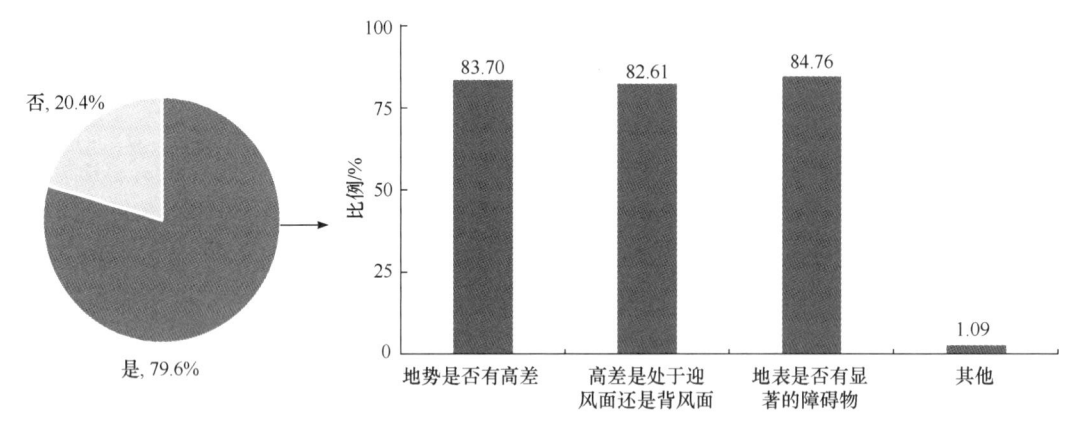

图4.24 是否对项目用地进行环境分析及分析因素

(3)建筑通风设计。

除对建筑进行合理规划外，还应对单体建筑进行合理设计。建筑的开窗大小、相对位置、平面布置情况等参数都影响着自然通风的效果。关于建筑通风设计部分，本次主要调研了通风量计算设计、气流组织设计以及自然通风效果判断这几方面的内容，结果如下。

(a)通风量计算设计。对于是否考虑通风量对建筑通风设计的影响方面，53%设计人员没考虑通风量方面的内容，在进行考虑的47%设计人员中，对通风量进行计算的方式中不考虑开口面积大小和室外风速风向等只利用室外(或指定条件下)的空气温度、湿度等进行计算的方式是更多设计人员的选择，考虑风压和热压的双重作用、开口面积、开口方式、室外风向风速和室内外温差作用共同影响下的通风量的设计方式选择人员较通过手工计算的多。此外，在通风量计算时是否考虑风入射角、风速、温差以及窗户开度等多因素耦合并对计算进行修正方面，51.3%的设计人员考虑了多因素耦合；48.7%的设计人员没有考虑，如图4.25所示。以上结果反映出在建筑通风设计中，对通风量的重视度还不够，近一半的人员没有考虑通风量方面内容。关于通风量的计算，多数人员选择使用软件计算，软件能提高计算效率，较为方便快捷；也存在小部分人员会选择手工计算，将手工计算结果与软件计算结果对比分析可增强数据的科学性和可信度。使用软件计算的方式，更多人员选择的是不考虑开口大小和室外气候影响进行计算，且关于多因素耦合考虑，近一半设计人员也不会进行考虑，这虽然能使计算步骤更加简洁，但可能与实际通风效果存在一定差异，不能很好反映实际通风量情况。

不考虑开口面积大小和室外风速风向等，只利用室外(或指定条件下)的空气温度、湿度等	48	56.47%
考虑风压和热压的双重作用、开口面积、开口方式、室外风向风速和室内外温差作用共同影响下的通风量	35	41.18%
手工计算	27	31.76%

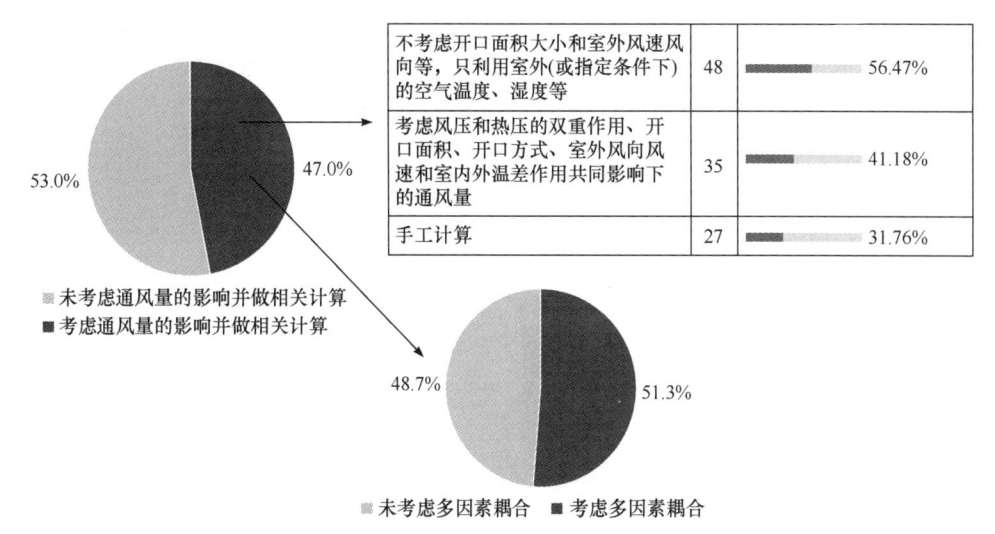

■ 未考虑通风量的影响并做相关计算 53.0%
■ 考虑通风量的影响并做相关计算 47.0%

48.7% 未考虑多因素耦合　51.3% 考虑多因素耦合

图 4.25　是否考虑通风量的影响和计算多因素耦合

(b)气流组织设计。在气流组织的设计方面，调研得当前自然通风设计中为实现居住建筑户内良好的气流组织通路，68.79%的设计人员考虑通过改变室内布局，形成"穿堂风"；60.12%的设计人员考虑减少通风路径的阻隔；46.82%的设计人员考虑改变通风路径总截面积的大小；有少数设计人员还会通过调整送、排风口相对位置的方式改变气流组织通路，如图 4.26 所示。表明当前设计中改变室内布局是设计人员首要考虑的方式，而平面布局的设计有很大的优化空间，能使自然通风达到更好的效果；但研究表明，进、排风口的位置布置也会对气流组织产生较大影响，今后设计中应加强对进、排风口相对位置的关注。

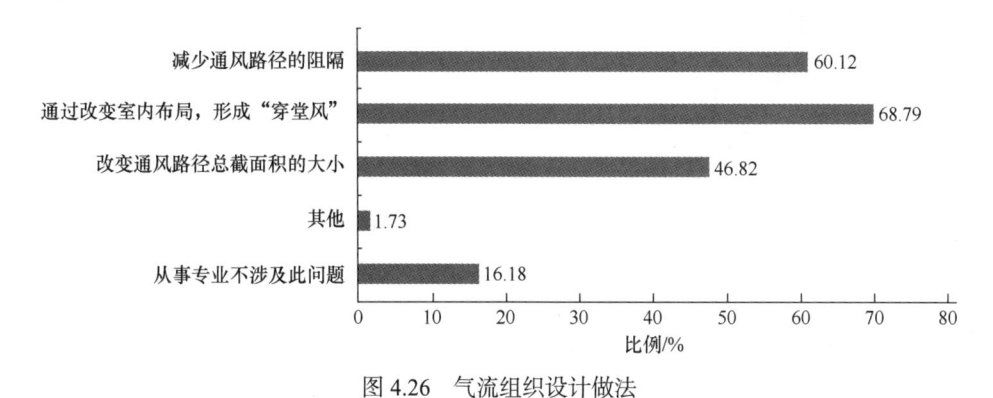

	比例/%
减少通风路径的阻隔	60.12
通过改变室内布局，形成"穿堂风"	68.79
改变通风路径总截面积的大小	46.82
其他	1.73
从事专业不涉及此问题	16.18

图 4.26　气流组织设计做法

(c)自然通风效果判断。在判断自然通风的效果方面，75.14%的设计人员通过分析通风量判断自然通风效果，49.13%的设计人员通过看风速是否在一定范围下进行判断，31.21%的设计人员通过分析空气龄进行判断，如图4.27所示。可以看出将效果量化，以通风量来判定自然通风效果是当前设计人员采用的首要方式，而室内风速和空气龄也是评价通风效果的指标，但重视度不够。空气龄反映了室内空气的新鲜程度，可以综合衡量房间的通风换气效果，是评价室内空气品质的重要指标，但只有三成设计人员考虑到空气龄指标，也可以看出当前设计在判断自然通风的效果时考虑的因素还不够全面。

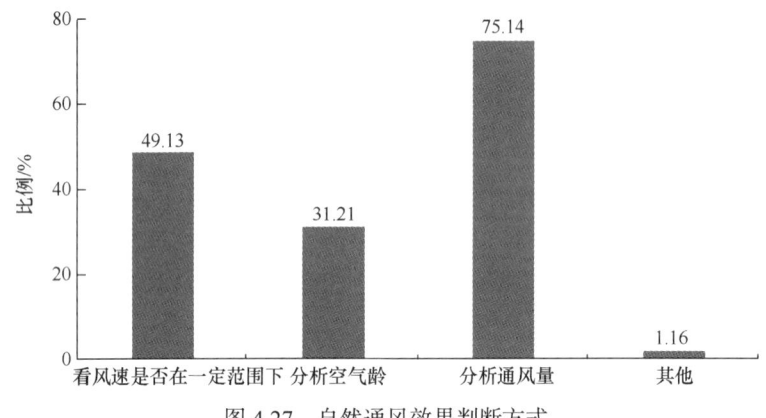

图4.27 自然通风效果判断方式

(4)设施设备设计。

(a)通风系统。自然通风受室外气候条件和环境限制较大，当达不到自然通风条件和不能满足要求时，应采用复合通风系统。关于通风系统的设计中，有63.5%的设计人员考虑会使用机械通风辅助通风，36.5%的设计人员则没有考虑使用机械通风辅助通风，如图4.28所示。关于使用家用新风机等辅助通风，有76.2%的设计人员会考虑设计，23.8%的设计人员则没有考虑设计，如图4.29所示。从结果看出，大部分设计人员考虑到在自然通风不利时采取机械通风、新风机辅助通风等方式保持室内空气质量和环境的舒适。

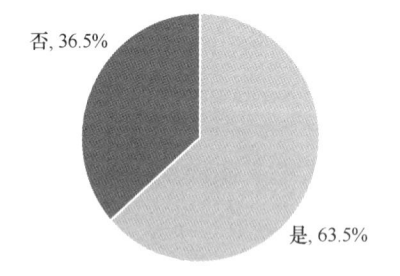

图4.28 是否考虑机械通风辅助通风情况 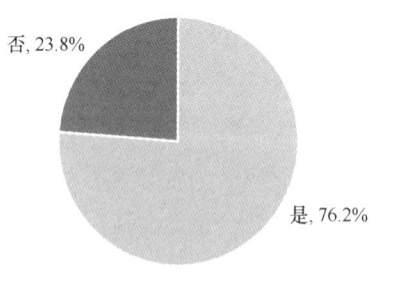　　图4.29 是否考虑新风机辅助通风情况

(b)空气净化问题。关于设计时是否考虑到空气净化问题，55.8%的设计人员考虑到净化问题，44.2%的设计人员则表示未进行考虑。在考虑了空气净化问题的人中，73%的设计人员选择新风净化装置的一次净化方式，48%的设计人员会使用空气净化器循环净化颗粒物污染，42%的设计人员考虑使用空气回风净化器，33%的设计人员会选择持续或间歇开窗达到净化效果，如图4.30所示。可以看出当前对自然通风进行净化的问题有所考

虑，但重视程度还有待进一步提高。而设计时常用的净化方式主要是新风净化装置的一次净化方式，空气净化器和空气回风净化器也考虑使用，使用净化装置净化效果较好，但存在一定能耗；而持续或间歇开窗达到净化效果的效果稍差但较节能，但考虑选用这种方式的人数最少，可能的原因是此方式受外界环境影响较大，不容易控制效果。

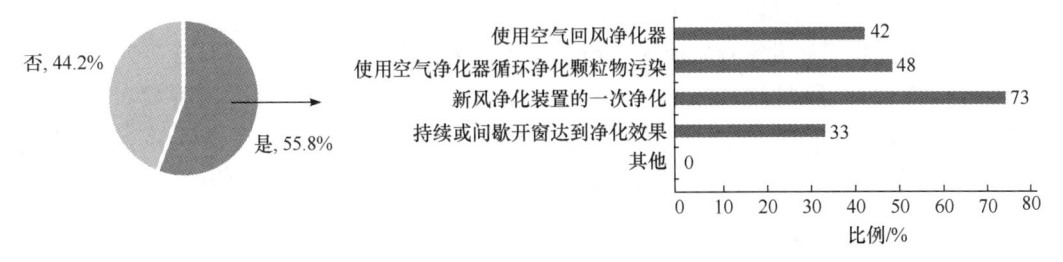

图 4.30　是否考虑空气净化问题及设计做法

2) 居住建筑自然通风设计存在问题

(1) 现有标准内容不能完全满足设计需求。调研了解到 62.3% 的设计人员认为已有标准内容能够满足实际需求，37.7% 的设计人员则认为已有标准内容不能满足实际需求，不能满足需求的原因主要有：①标准内容在定"量"方面不足；②标准涉及的内容不够全面；③其他，包括方案、建筑阻挠，甲方成本不允许；规范中缺少特殊情况下部分房间（如凹槽内的房间等）的内容。表明当前设计中，现有标准内容不能完全满足设计需求，相关依据存在缺失，对设计效果存在影响，如图 4.31 所示。

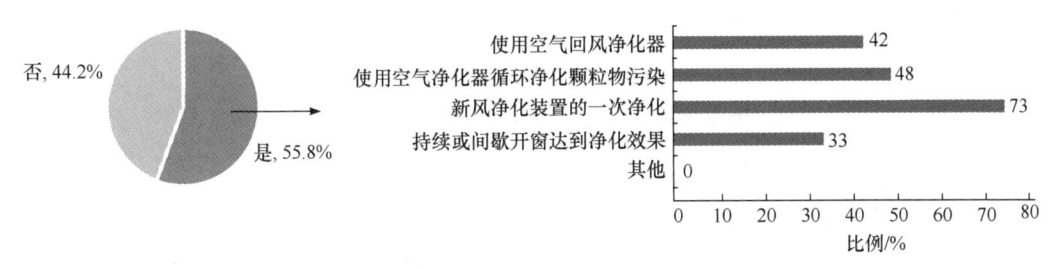

图 4.31　标准内容能否完全满足设计需求及不能满足原因

(2) 对影响居住建筑自然通风的因素需进行系统性考虑。由于自然通风所涉及的影响要素、基本性能参数包括室内外环境、通风设计、设施系统等多方面，而当前设计中，对要素的系统考虑和整合还不够全面，各设计阶段工作衔接还不够流畅，设计全过程的配合还需加强。

(3) 通过建筑设计提高通风效果有待加强。通过建筑设计手段促进自然通风能有效节约能源，这就对规划布局、建筑朝向、建筑进深、开口大小和位置等建筑方面因素提出更高的设计要求。在当前设计的基础上，一些建筑设计手段考虑因素和影响效果的技术方法还存在运用不全面不广泛的现象，通过建筑设计提高通风效果有待加强。

(4) 加强各种通风方式的综合利用。通风包括了自然通风、机械通风和两者集成的复合式通风，三种模式各有差异又存在共同点。要在居住建筑中合理利用自然通风，需要综合考虑气象、建筑、设施设备等多方面因素，最终形成集成应用。

（5）系统维护和监控方面关注较少。系统维护管理方面的调研结果显示有 78.8% 的设计人员没有设计室内环境监测系统，只有 21.2% 的设计人员考虑设计室内环境监测系统（图 4.32）。可以看出在设计时对于系统监测考虑程度不够，范围不全面，后续管控与数据、情况分析缺少依据。故后续居住建筑自然通风的设计中，应加强对环境监控方面的设计做法考虑，实现高效控制和按需满足住户要求。

（6）住户反馈部分设施存在噪声问题。从住户关于自然通风生活习惯及品质需求的调研中得到，在使用通风器的住户中，有 72.2% 的人有通风器噪声问题的困扰（图 4.33）。通风器噪声问题和设计阶段通风器的选型设计有直接关系，表明当前设计中对通风设施的噪声问题应进行考虑，按实际工程情况选型，采取一定措施降低通风器的噪声。

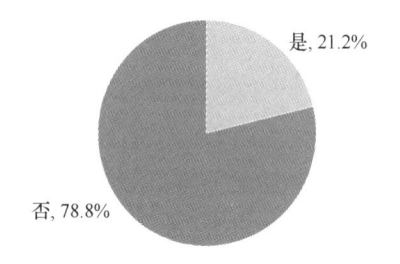

图 4.32　是否进行室内环境监测 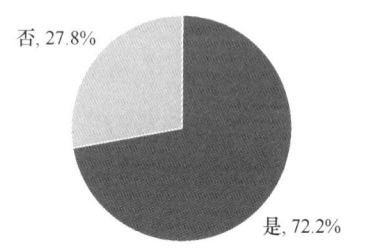　　　　图 4.33　是否有通风器噪声困扰情况

作者：重庆大学　重庆市绿色建筑与建筑产业化协会绿色建筑专业委员会　丁勇、向一心

4.2　公共建筑冷热源机房性能设计现状调研

4.2.1　调研背景

2019 年 6 月国家发展和改革委员会等七部委联合印发《绿色高效制冷行动方案》，提出到 2030 年，大型公共建筑制冷能效提升 30%，制冷总体能效水平提升 25% 以上，绿色高效制冷产品市场占有率提高 40% 以上。该方案对公共建筑集中空调系统的能效提出了更高要求。有研究显示，空调系统能耗可占到建筑总能耗的 30%—50%[1]，其中机房能耗大部分又可占到空调系统能耗的 60%—90%[2]。因此，公共建筑冷热源机房的高效化，对于节能降碳具有重要的现实价值和意义。

目前，行业公认的高效机房标准为机房综合能效比 EER 在 5.0 以上，我国公共建筑中，经实地测试，90% 以上的中央空调制冷机房运行能效（不含末端能耗）在 3.5 以下[3]，与高效机房水平尚有较大差距，亟须改善，具有很大的提升空间。机房运行出现的低效问题，是否和机房设计有关？因而有必要对目前公共建筑冷热源机房的性能设计现状进

---

[1] 清华大学建筑节能研究中心. 中国建筑节能年度发展研究报告 2017. 北京：中国建筑工业出版社，2017：1-4.
[2] 何影，刘益辰，易检长，等. 高效空调制冷站实施路径探析. 建筑节能（中英文），2022，50(8)：69-72.
[3] 清华大学建筑节能研究中心. 中国建筑节能年度发展研究报告 2022. 北京：中国建筑工业出版社，2022：238.

行调研，看是否有导致机房低效运行的设计原因。

4.2.2 调研内容与基本情况

1. 调研对象

本次调研对象是重庆地区参与过集中空调机房设计与管理的设计人员。

2. 调研时间

本次调研时间为 2022 年 8 月 30 日—9 月 5 日。

3. 调研问卷内容

本次调研问卷共设计 32 道问题，问题形式包括单选、多选与填空。问卷主要从机房的设计方法、负荷分布、机组搭配选型、水系统管网、水系统设备、控制策略、系统末端、系统功能、技术采用、高效机房概念等十个方面进行了情况调研。

调研采用网络问卷填写形式，其间共回收有效问卷 83 份。

4.2.3 调研结果分析

1. 设计方法分析

机房设计方法是引导每一个机房设计的总体思路，目前主要存在两种设计方法，分别是合规性设计方法与性能化设计方法。

合规性设计方法指的是从设计规范中直接选择系统形式与相关设计参数，虽然最后的设计结果均符合规范要求，但是对于整体的性能效果在设计时无法知晓或不可控。然而高效机房的实现需要各个系统与形式相互耦合，从设备选型、系统设计、自控策略、方案评价等多个方面共同构建出最优的性能能效目标。因而传统合规性设计方法的弊端就显现出来。

性能化设计方法以机房系统能效目标为导向，将设计方案、设计参数、控制策略输入能耗模拟分析工具，根据定量分析结果，不断进行循环迭代、优化控制策略和设计参数，最终确定满足能效目标的设计方案。该方法具有目标分解量化与验证、迭代分析与优化、典型参数与运行工况预设定三个特点。

调研结果如图 4.34 所示，在当前机房设计中仍然以合规性设计方法为主。使用现行的合规性设计方法，无法体现制冷机房本身具有的复杂、相互耦合和动态变化特性，最终的设计方案并不能达到高效机房能效指标要求或经济性不佳。设计阶段采用方法存在的不足可能导致无法取得理想的机房性能结果。

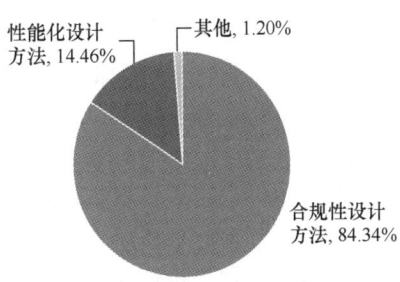

图 4.34 机房设计方法使用现状（性能化设计方法 14.46%；其他 1.20%；合规性设计方法 84.34%）

2. 负荷分布分析

对建筑负荷分布进行细致分析是构建高效机房的又一前提，该步骤将为冷源形式确定、设备选型以及自控策略制定提供依据。

负荷分布分析组成与分析数量选择如图 4.35 所示，结果显示 71.08%的设计人员会进行负荷分布分析，28.92%的设计人员不进行负荷分布分析。分析特征包括负荷占比结构、全年逐时负荷分布、典型日逐时负荷分布、负荷累积概率分布，占进行负荷分布分析人员的比例逐渐下降，分别为 67.80%、54.24%、45.76%和 28.81%；其中对 4 类负荷分布均进行分析的人员占 11.86%；分析 3 类负荷分布的人员占 16.95%；仅分析 2 类与 1 类的人员占比最多，分别为 28.81%和 42.38%。负荷分布分析中负荷占比结构是考虑最多的方面，而这其中基本所有设计者均会分析分类负荷与分区负荷，占比均达 90%以上，而分项负荷分析在这三类中相对较少，占比 70%；同时在分析了负荷占比结构的人员中有 62.5%分析了三种负荷结构，35%分析了两种负荷结构，2.5%只分析了一种负荷结构。

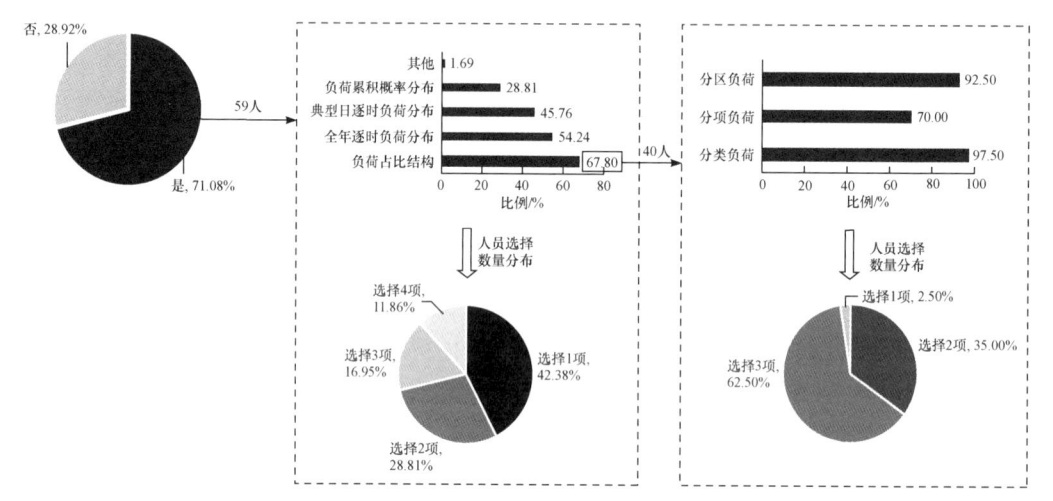

图 4.35 是否进行负荷分布分析组成与分析数量

以上结果表明，目前机房设计中部分存在脱离建筑负荷特点的现象，不对负荷分布进行分析，将使给出的设计方案缺少针对性，与建筑负荷特点难以匹配，这样的机房设计即使采用高效的设备，也难以达到高效机房标准。

负荷占比结构的分析可识别建筑负荷影响关键区域、了解负荷具体构成、比重与负荷特点，这一步将对系统形式划分、机房运行控制策略制定提供关键参考。结果显示目前设计中对此部分考虑存在忽视情况。

分析全年逐时负荷分布的主要作用是确定峰值负荷和反映负荷变化范围，为确定冷热源方案和机组装机容量提供依据。而典型日逐时负荷分布，则可了解日时间尺度内的负荷分布，可据此对机房运行策略进行模拟验证，以评估控制策略的合理性。目前设计中从时间尺度对建筑负荷特征进行分析并没有全面覆盖，仅一半人员选择进行分析，为机房系统匹配性埋下了隐患。

负荷累积概率分布分析是通过绘制累积概率分布图或拟合逐时负荷概率密度函

数的方式，对逐时负荷值或逐时负荷率在全年范围内的时间分布概率进行统计分析，也可为确定机组装机容量和机组形式提供依据。结果显示此项分析在当前设计中较容易被忽视。

总的来说，目前机房设计中部分存在脱离建筑负荷特点的现象，同时对负荷特征的分析不全面，在负荷组成、负荷时间分布等方面均存在分析不到位或忽视的情况。这些情况可能导致给出的设计方案缺少针对性，设备选型与运行控制方案难以与建筑负荷特点匹配，造成机组长时间低负荷运行、系统大流量小温差、水泵能耗浪费、机房整体能效低下。

3. 机组搭配选型分析

1) 选型大小

调研结果如图4.36所示，目前86.75%的设计人员会有意识地降低机组装机容量，使总装机容量与计算冷负荷比值小于1.1，并不存在机组选型过大问题。

2) 机组数量

对于机组数量设计，调研结果如图4.37所示，较多的情况是配置2台与3台，分别占比44.58%和46.99%，共占比达90%以上，标准规范中对台数的规定考虑到调节要求一般是不少于2台[①]，同时不宜过多而增加成本。由此可见，目前机房设计较少存在机组数量过多与过少问题。

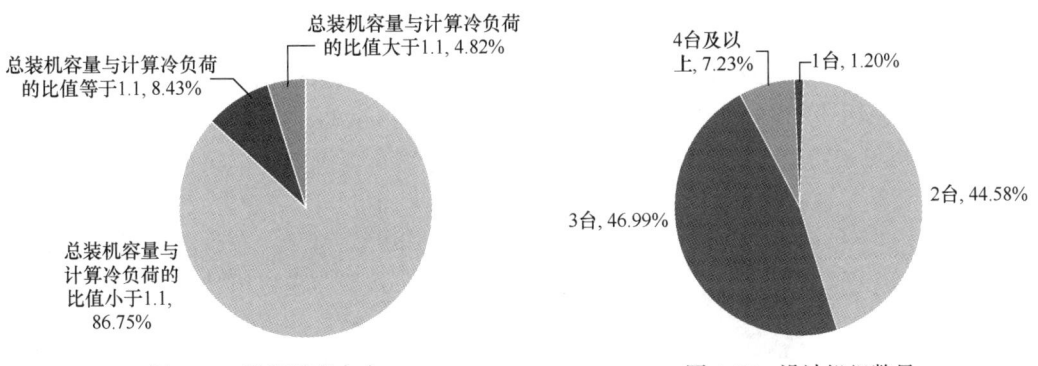

图4.36　机组选型大小　　　　图4.37　设计机组数量

3) 一台与多台机组选择

当小型工程仅设置一台机组时，现阶段设计能较好考虑到运行高效，选择调节性能及部分负荷性能优良的机型，占比85%。需要注意的是，15%的设计人员会考虑到成本因素而选择一般性能的机组，这方面也反映出，设备成本某种程度上制约着设计人员的设计。

对于多台机组的搭配，调研结果如图4.38所示，目前机组的搭配形式多种多样，没有固定要求，也并未统一。53.02%的设计人员常选择同一类型主机、名义制冷量相同的型号组合，该种机组配置方式具有较好备用性。但此种配置方法可能会导致建筑低负荷

---

① 见《高效制冷机房技术规程》（T/CECS 1012—2022）。

需求时没有对应的低负荷主机匹配，系统调节性较弱，主机长时间低负荷运行，能效低下。15.66%的设计人员选择同一类型主机、名义制冷量不同的型号组合；25.30%的设计人员选择不同类型主机，名义制冷量不同的型号组合；仅4.82%的设计人员选择不同类型主机，名义制冷量相同的型号组合。个别人员表示，主机的选取需根据公共建筑的负荷规模来确定。

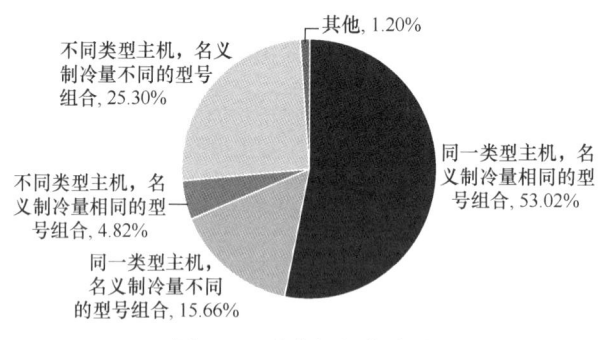

图 4.38 多台机组的选型

研究表示，选择多台机组组合搭配时，需要考虑其大小容量比，且容量比不应低于50%，目的是保证当多台机组中任意一台机组出现故障时，其余机组能临时满足负荷50%以上的需求，保障建筑空调舒适运行[1]。机组容量比调研结果如图 4.39 所示，54.22%的设计人员在设计时根据负荷分析进行匹配，认为此考虑的设计结果可能无法达到 50%以上的大小容量比，但是只要机组运行不发生故障，机组将会在更高效的运行水平维持；此比例也小于进行负荷分布分析的人数比例 71%，体现了结果的前后一致性。选择大小容量比大于 50%、等于 50%和小于 50%的人员分别为 15.66%、16.87%和 13.25%，占比较为接近，可见机组搭配容量比并不在设计人员重点考虑范围内，以负荷分析进行容量匹配相对较多。

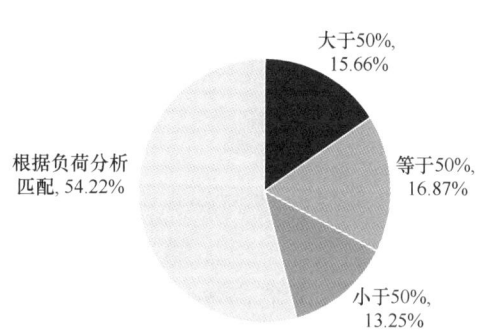

图 4.39 机组容量比设计

综上分析，第一，在目前的机组搭配选型设计中，并不存在机组选型过大的问题。第二，对机组数量的设计选择较为合理，不存在数量过少过多情况。第三，对于机组型号选择搭配，一台机组能够合理选择；但多台机组时常选择同一类型，名义制冷量相同的主机组合，这样的选择方案虽然有良好的备用性，但可能难与变化中的建筑负荷进行匹配，系统调节性较差，主机很有可能长时间处于低负荷运行状态，降低了系统能效；当前阶段，设计人员对系统负荷调节能力的设计显得不足。第四，机组搭配容量比并不在设计人员重点考虑之列，可能导致机组出现故障时负荷保障能力不够。

---

[1] 陈金山, 万齐胜, 施杨. 冷水机组合理配置方案探讨. 建筑热能通风空调, 2013, 32(2): 49-51, 19.

4. 水系统管网分析

1) 系统流速

机房水系统包括冷冻水系统与冷却水系统，水泵能耗主要用于克服系统阻力，机房内管道与设备较多，过高流速会增加系统阻力，增加能耗，因而高效机房的设计需要合理降低水系统流速，或能及时调节系统流量，进而降低水系统输配能耗。

管道流速调研结果如图 4.40 所示，无论是主管还是支管，在当前机房设计中，管道流速设计普遍偏高，主管设计流速大部分在 2.0m/s 及以上，支管设计流速大部分在 1.5m/s 及以上，将造成较大的系统阻力，进而增加能耗。

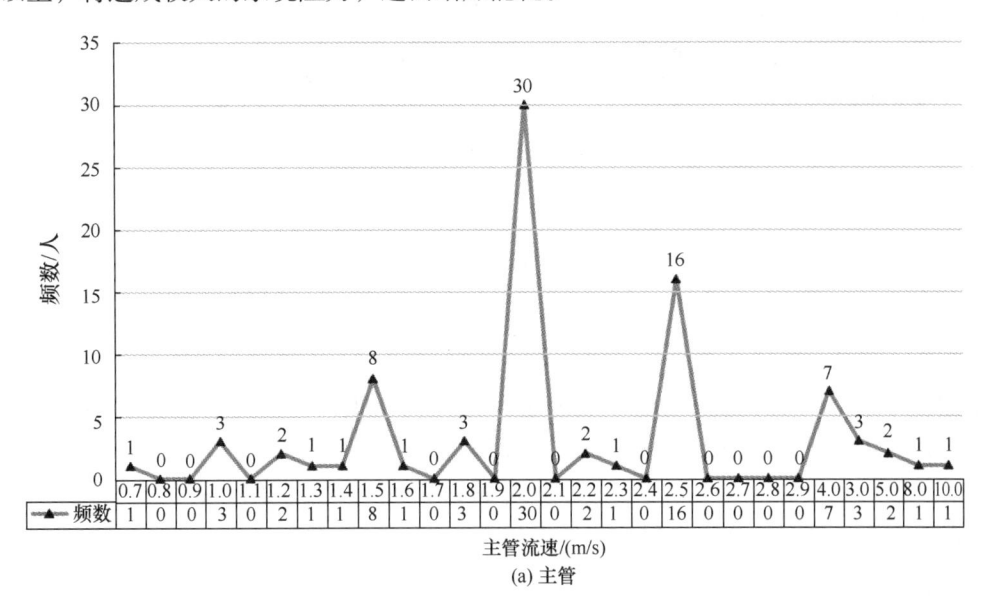

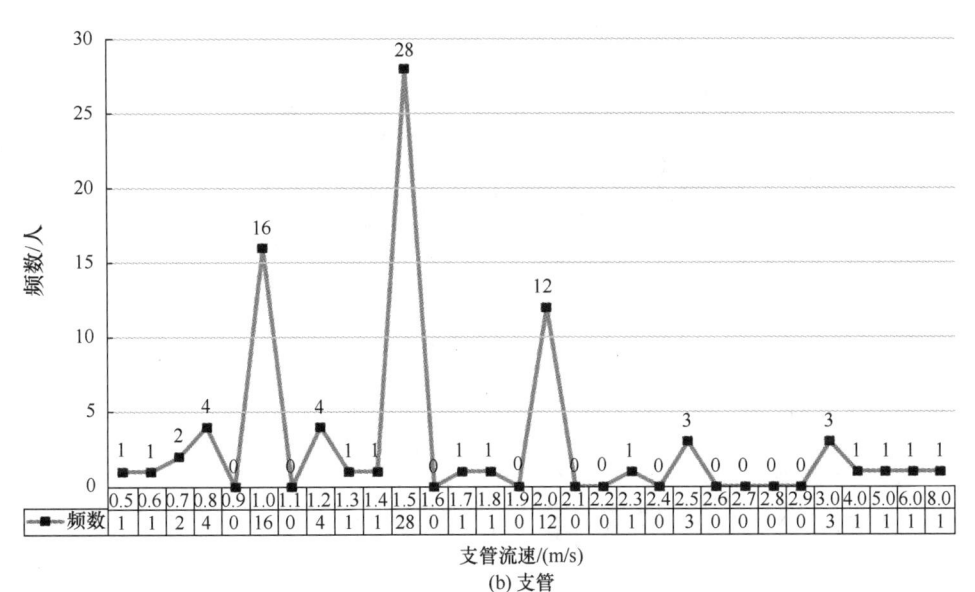

主管流速/(m/s)	0.7	0.8	0.9	1.0	1.1	1.2	1.3	1.4	1.5	1.6	1.7	1.8	1.9	2.0	2.1	2.2	2.3	2.4	2.5	2.6	2.7	2.8	2.9	4.0	3.0	5.0	8.0	10.0
频数	1	0	0	3	0	2	1	1	8	1	0	3	0	30	0	2	1	0	16	0	0	0	0	7	3	2	1	1

(a) 主管

支管流速/(m/s)	0.5	0.6	0.7	0.8	0.9	1.0	1.1	1.2	1.3	1.4	1.5	1.6	1.7	1.8	1.9	2.0	2.1	2.2	2.3	2.4	2.5	2.6	2.7	2.8	2.9	3.0	4.0	5.0	6.0	8.0
频数	1	1	2	4	0	16	0	4	1	1	28	0	1	1	0	12	0	0	1	0	3	0	0	0	0	3	1	1	1	1

(b) 支管

图 4.40 机房主管与支管流速设计分布

2)系统变流量方式

水系统是否变流量、以何种方式变流量将影响系统在不同负荷工况下的阻力与能耗，进而影响机房系统能效比。目前水系统变流量方式如图 4.41 所示，采用最多的措施是循环泵设置变频器，同时设置旁通阀，末端采用二通阀，占比达到 79.53%，表明当前设计较多采用末端变流量、主机侧也变流量的方式，变频水泵也能被较多考虑。

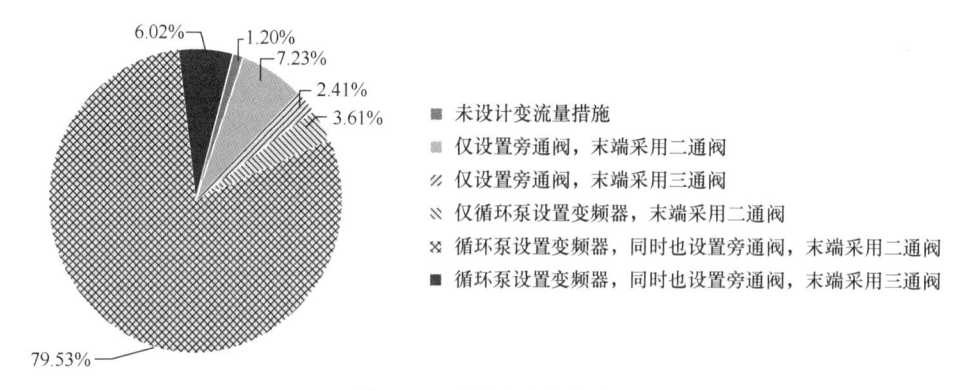

图 4.41　系统变流量方式

3)冷却塔逼近度

逼近度指冷却塔出水温度与室外湿球温度的差值。目前设计冷却塔逼近度的取值分布如图 4.42 所示，分布较为宽泛，取值在 3℃ 及以下占比 53% 左右，有 26% 的人员选择逼近度在 4℃ 及以上，还有 21% 的人员未加以考虑。表明逼近度在设计人员中并没有作为必要或核心的设计因素，但是以冷却水供水温度降低对系统性能的提升来说，逼近度的降低是有益的，而目前逼近度设计考虑不足。

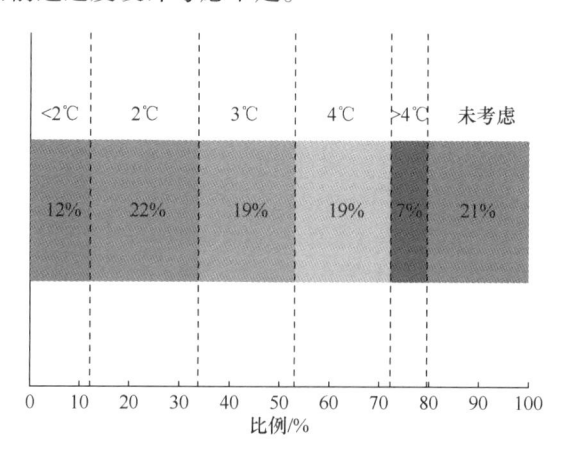

图 4.42　冷却塔逼近度设计取值

4)水力平衡措施

根据标准，高效机房冷却水系统应设置合理的水力平衡措施，保证多台冷却塔并联运行时,各台冷却塔的水流量与设计流量偏差不大于10%[①]。

调研显示,49%的设计者遵循了这一原则,设置了合理的水力平衡措施;余下34%的设计者设计偏差大于10%,17%的设计者未考虑或校核该参数。表明在当前机房设计中,对于冷却水系统侧的设计和校核还存在不重视或忽视的情况。

5)大温差设计

空调水系统采用大温差设计是优化空调系统各个设备之间的能耗配比,在保证室内舒适度前提下降低空调系统总体能耗的一种技术手段。采用大温差设计的系统,可降低系统循环水量,减少水泵运行费用,减小冷冻水泵、冷却水泵、冷却塔装机容量,降低管路与阀部件尺寸,减少防腐保温材料用量,进而降低系统投资成本,同时减少系统空间占比。另外,空调水系统采用大温差设计会降低冷水机组性能和末端设备表冷器制冷能力。但实践也证明,确定合理的设计温差值,可降低空调系统总体能耗。

本次调研结果如图4.43和图4.44所示,在冷冻水温差上,大部分设计仍然采取传统的5℃温差设计,占比83.14%;12.05%的设计者选择6℃冷冻水温差,仅3.61%的设计者采取7℃温差。在冷却水温差上,采取5℃温差的达到91.59%,5℃以下温差占比3.61%,5℃以上温差占比分布在6℃、7℃、8℃和10℃,但均只有1.2%占比。

图4.43和图4.44还可看出各温差组成,可见,冷冻水供回水温度选择最多的组合为7/12℃,较为传统;冷却水进出水5℃温差的组成形式较为多样,其中以32/37℃与30/35℃的组合占比较多,分别为78.94%和15.79%。以上结果可知,水系统大温差设计并未在当前设计中得到普及和应用。

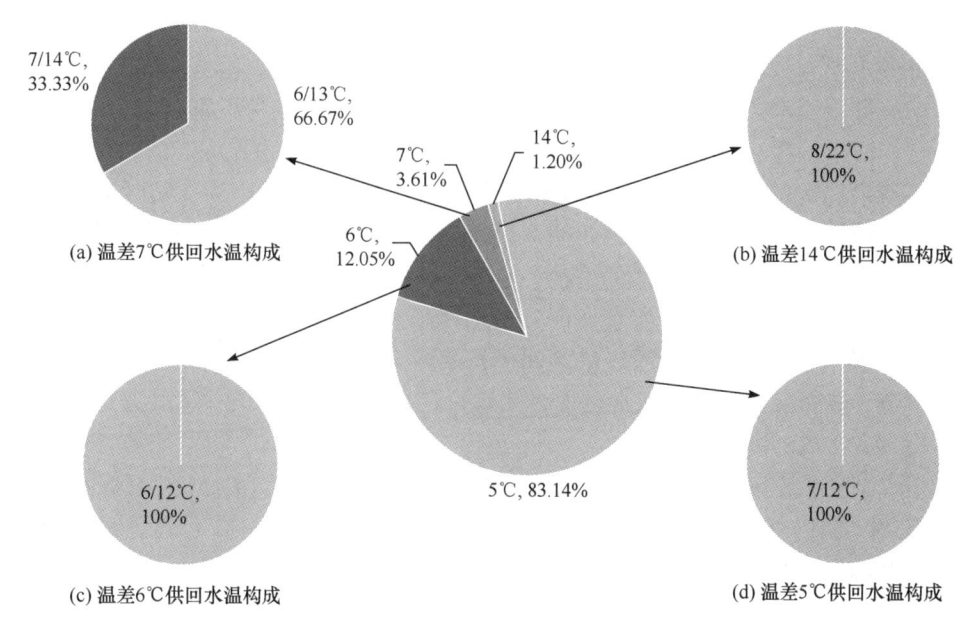

图4.43 冷冻水温差设计选择

---

① 见《高效制冷机房技术规程》(T/CECS 1012—2022)。

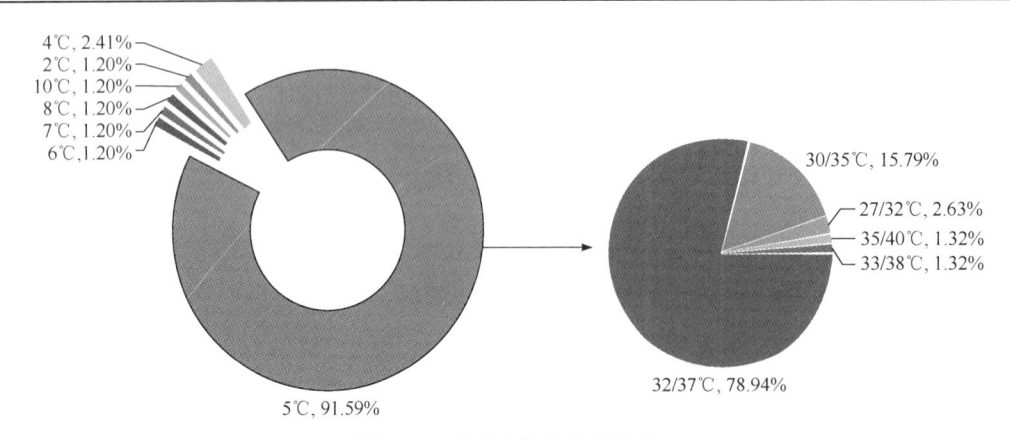

图 4.44　冷却水温差设计选择

综上所述，在水系统管网方面，管道流速设计普遍偏高，可能造成较大系统阻力，进而增加能耗；当前系统设计时采用较多的是末端变流量、主机侧也变流量方式，在设计时能够考虑到使用变频水泵；目前在机房设计中对冷却塔逼近度的选择范围较宽且取值较高，同时部分设计人员对逼近度未加以考虑；对于冷却水系统侧的设计和校核还存在不重视或忽视的情况，水力平衡措施不到位；此外，水系统大温差设计并未在当前设计中得到普及和应用。

5. 水系统设备分析

1）水泵选型

良好的水泵选型将为系统提供充足且适宜的动力，保障系统运行的同时自身能耗最低。目前设计阶段水泵选型方法调研结果如图 4.45 所示，"用考虑富余量后的系统流量与压降选择额定扬程、额定流量符合要求的水泵"方法最多，占比 63.85%。此种方法虽然能够保障系统运行，但是并不一定能保证水泵运行能耗最低，因为在实际运行过程中，系统处于设计负荷工况下的运行时间往往很短，即水泵全年的运行效率大部分时间低于最高值，这会导致机房水泵长时间低效率运行，降低机房能效。

此种实际情况下，"根据流量特征分布选择水泵"的优势就体现了出来：分析系统流量特征，根据分布时间最长的流量区间进行水泵选型，使水泵高效运行区与该流量区间保持一致，能够最大限度保障水泵长时间运行在高效区间。但该种选型方式并不普及，使用占比只有 19.28%。

对于水泵扬程富余量，调研结果如图 4.46 所示，大部分设计在 5%—10% 的范围内，占比 79.53%。但仍有 12.05% 设计人员选择将水泵扬程提高到 10% 以上选型，这会导致水泵扬程选型偏大，增加成本，增加运行时的不必要能耗。此调研结果中一共只有 2.4% 的人员未考虑水泵扬程富余量或富余量取值为 0，但在水泵设计选型方法（图 4.45）中，有 16.87% 的设计人员选择"以系统设计流量和压降，直接选择水泵型号"，此选择表明有 16.87% 的设计人员并不会考虑水泵扬程富余量或富余量取值为 0。前后调研结果反映出信息不一致，即目前设计人员在水泵选型方面存在认知浮动。高效机房性能设计应注意水泵型号选择，扬程、流量等不能过大，目前仍存一定差距。

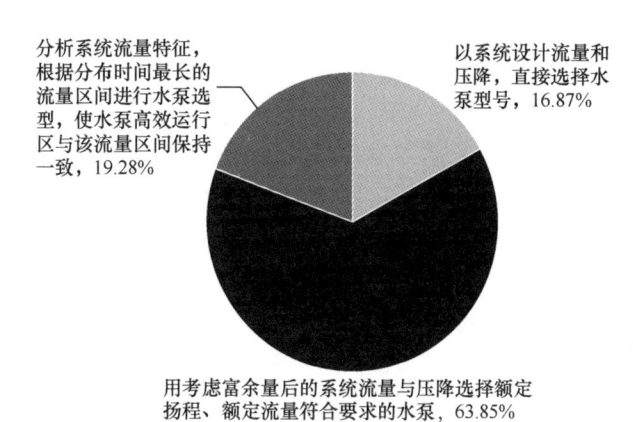

图 4.45　水泵设计选型方法　　　　图 4.46　水泵扬程富余量选择

2）水泵数量

水泵型号选择的同时伴随着数量的划分选取，目前最常用的方式是与主机数量、容量对应，占比达 90%以上。这表明水泵数量与主机数量、容量存在极高关联，合理准确的主机配置将对水泵数量产生直接影响。

3）水泵计算

标准规定，在选配空调冷热水系统的循环水泵时，应计算循环水泵的耗电输冷(热)比 EC(H)R，以衡量空调水系统输送冷热量能效率[①]。

调研结果显示，超过 90%的设计人员计算了这一参数，7%的设计者因为计算复杂而放弃了计算，2%的设计者未考虑这一参数。在对这一参数的计算上，当前机房设计基本遵守了相关规定。

综上所述，本小节重点分析了水泵设备的设计现状。在水泵选型上，现在使用较多的选型方法并不能使水泵长时间运行在高效点，高性能设计需要在水泵选型时考虑流量特征分布，尽量使水泵高效运行区与流量特征区间保持一致，而目前设计现状同高性能设计相比存在一定差距。设计阶段对水泵富余量的选择在合理范围内，但仍存在超量选择扬程的情况，高效机房的建设需要杜绝不必要扬程与流量的选取。水泵数量受到主机数量容量影响，体现出机房系统设备极强的耦合性。尽管水泵耗电输冷(热)比 EC(H)R 实际中较难计算，但在设计时还是能被较好考虑。

6. 控制策略分析

如果说高效的设备与优化的管网是高效机房的基础条件，那么系统控制策略便是高效机房的核心条件。实际运行时，工况时刻变化，机组面临的负荷、环境参数不是单一固定的，如何根据实际情况将系统各设备运行能效调整到最优，考验的是控制策略的合理性、可行性与耦合性。系统中最常见的控制策略就是对水泵与风机进行变频控制，保证运行工况在满足实际需要的前提下能耗最少。

---

① 见《民用建筑供暖通风与空气调节设计规范》(GB 50736—2012)。

水泵的变频控制有以下几种方法：其一，根据温度调节，指在供回水管道上设置温度传感器，根据温度传感器参数进行变频控制；其二，根据压力调节，指利用压差传感器进行控制，如供回水主管压差控制、最不利末端压差控制等；其三，末端阀位控制，指根据所有末端控制阀的状态作为变流量控制依据；其四，管路曲线模拟控制，又称无压差传感器控制，指实测循环泵各流量下系统不同区域压力/压差数值，结合水泵运行电流、水泵运行曲线，模拟出系统管路特性曲线，将特性曲线编入控制器程序内，后期系统依靠模拟特性曲线自动调节。

对冷冻水泵、冷却水泵和冷却塔风机控制现状调研结果如下。

1) 冷冻水泵控制

调研结果显示如图4.47所示，目前机房设计中基本均对冷冻水泵设计了控制策略，仅2.41%的设计者表示冷冻水泵设计为定频，无控制。使用最多的方式是根据压力调节，占比67.47%；其次是管路曲线模拟控制，占比13.25%；再者是根据温度调节，占比12.05%；最后是末端阀位控制，占比4.82%。通过管路曲线模拟控制的方式被认为是最为理想准确的调控方式，考虑到现有传感器、无线通信技术的发展，通过系统内不同位置预设相应的传感器，系统可以通过数据收集，完善管路特性曲线，真正实现最优的节能效果。显然目前冷冻水泵使用此高性能高质量控制方式较少。

2) 冷却水泵控制

同冷冻水泵控制现状不同，冷却水泵控制结果显示如图4.48所示，目前机房设计中冷却水泵变频控制设计率并不高，有38.56%的设计人员表示冷却水泵为定频，无控制。使用变频控制的冷却水泵多以温度变化进行调节，占比39.76%，其次是根据压力调节，占比12.05%，选择管路曲线模拟控制方式占比6.02%，选择末端阀位控制方式占比3.61%。整体来看，设计阶段对机房冷却水泵的变频控制设计不足，冷却侧的变频控制并没有得到广泛设计使用，对冷却侧的系统性能可能产生削弱。

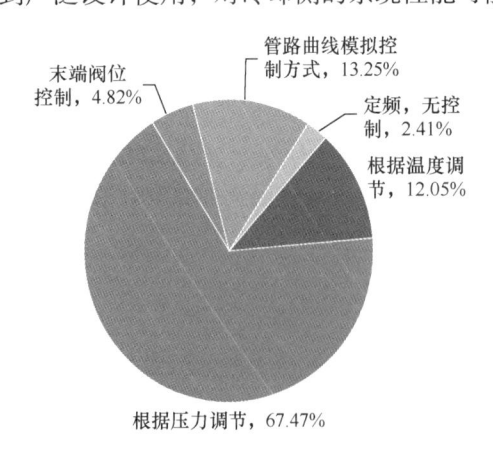

图4.47　冷冻水泵控制方式　　　　图4.48　冷却水泵控制方式

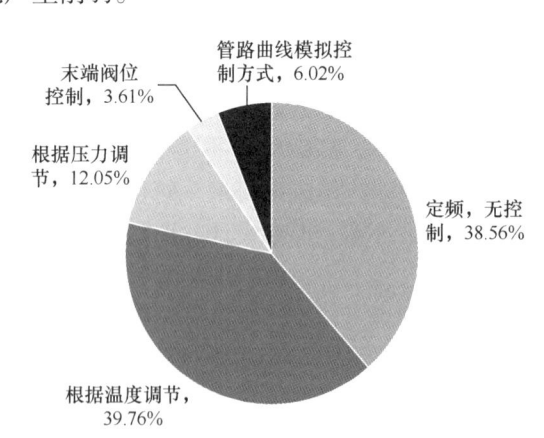

3) 冷却塔风机控制

冷却塔风机控制调研结果如图4.49所示，对于冷却塔风机，28.92%的设计人员并未考虑对其进行变频设计；71.08%的人员表示会对其根据冷却水供水温度设定值与实测值偏差进行变频调节。冷却塔风机的变频控制设计率高于冷却水泵,但仍然存在空白。冷却塔风机的变频能够对冷却水供水温度产生实际影响,进而影响主机性能,因此冷却塔风机的变频控制设计缺失,会进一步削弱冷却侧系统性能。

通过以上分析发现,当前机房控制策略设计中,对冷冻水泵能够较好地使用变频控制;但对冷却水泵和冷却塔风机的变频控制设计不足,同时控制方式设计有进一步提升空间,以管路曲线模拟控制方式参与变频控制,能获得更高性能更高质量的控制结果。机房是一个整体,若要完成系统的高效,务必要保证各个子系统的高效,推行变频控制理念势在必行。

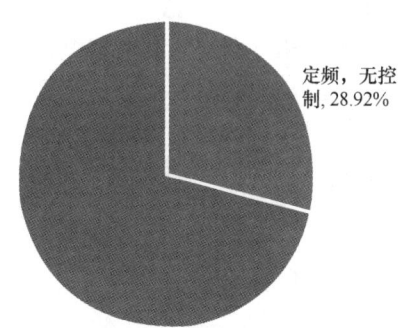

图 4.49 冷却塔风机控制方式

7. 系统末端分析

尽管我们调研的是机房设计现状,但是末端形式能反映出系统流量变化方式与系统阻力情况,因此也进行了简单调研。末端调节形式中二通阀表示管路变水量,三通阀表示管路定水量。开关型电磁阀工作状态要么全开要么全关,不需要进行开度调节,没有阀权度的要求,阻力一般比较小;调节型电动阀工作状态需要不断调节阀门开度,因此有阀权度的要求,阻力会明显大于开关型电磁阀,因此采用调节型电磁阀的末端系统,需要配置的水泵扬程会高一些。

调研结果如图 4.50 所示,末端采用二通阀调节形式明显多于三通阀调节形式,占比分别为 85.54%和 24.10%。调节型电动阀的采用明显多于开关型电磁阀,其占比分别为

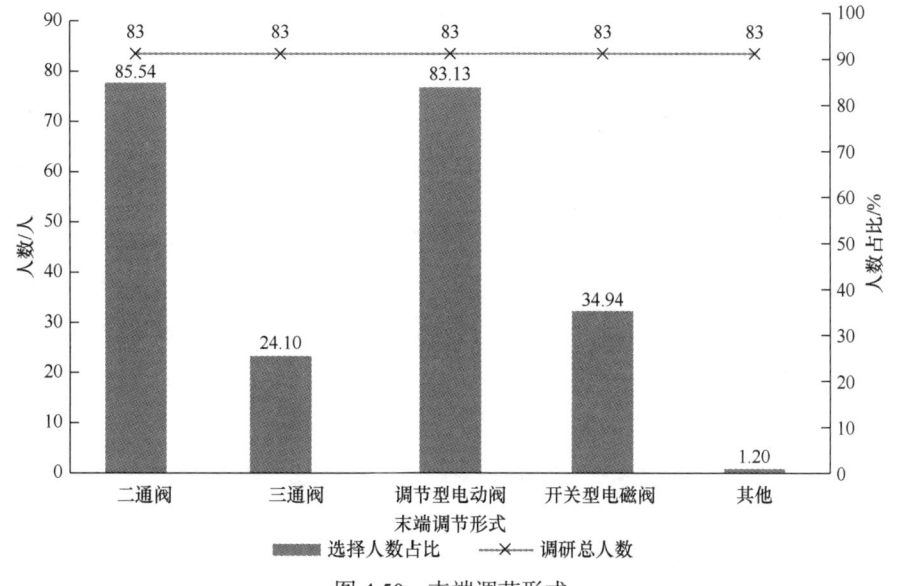

图 4.50 末端调节形式

83.13%和34.94%。表明目前设计中系统多采用管路变水量方式，这与之前调研的系统变流量方式相互印证。调节型电磁阀的采用有利于流量的精准控制，但是增加了系统阻力，在系统综合控制时，需要进行取舍或优化。

值得注意的是，有一位设计者表示在末端安装能量阀进行调节。能量阀依据能量计量数据进行调控，实现如恒定负荷输出、恒定温差运行、流量控制等功能，属新型电动调节阀。尽管目前使用较少，但对高效机房建设或许具有较大助力。

8. 系统功能分析

高效机房监测和控制系统应能满足机房的功能要求、优化控制、运营管理和能效评价要求，并应实现设备安全、可靠、节能运行[①]。高效机房的监测和控制系统可划分六大功能，分别是参数监测功能、安全保护功能、远程控制和自动启停功能、自动调节和节能优化功能、能效监测和分析功能、管理功能。

调研结果如图4.51所示，目前机房设计所具备功能最多的是参数监测功能，占比84.34%；远程控制和自动启停功能与安全保护功能的设计率相接近，分别占比75.90%和73.49%；接下来依次是自动调节和节能优化功能设计占比63.86%、能效监测和分析功能设计占比50.60%、管理功能设计占比42.17%；有4.82%的机房未进行监测与控制系统设计。结果表明，当前机房设计在参数监测、控制启停、安全保护、调节优化方面较为重视；但是获取参数后，对于参数的进一步分析较少，仅一半机房具备能效监测和分析功能。可得目前机房存在对数据"取而不用"的现象，部分人员设计只停留于监测数据，而不用数据。

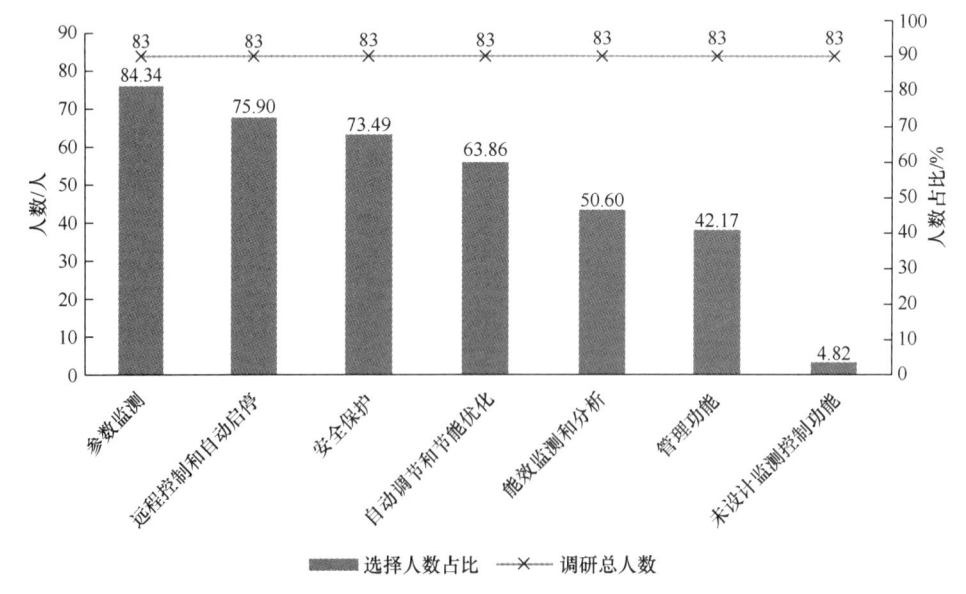

图4.51 机房监测和控制功能设计分布图

---

① 见《高效制冷机房技术规程》（T/CECS 1012—2022）。

1)参数监测功能

在设计了参数监测功能的机房里，调研结果如图 4.52 所示。设计者对冷水机组、冷冻水泵、冷却水泵、冷却塔的状态参数监测率均达到了 90%以上，可认为监测范围较为全面，已经具备后续分析与管控的数据基础。少量机房对机房辅助设备进行了监测，包括水处理、定压补水设备等。

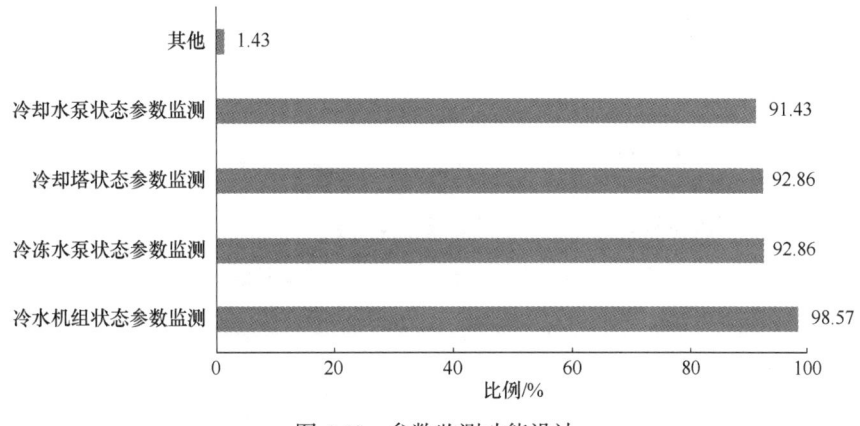

项目	比例/%
其他	1.43
冷却水泵状态参数监测	91.43
冷却塔状态参数监测	92.86
冷冻水泵状态参数监测	92.86
冷水机组状态参数监测	98.57

图 4.52　参数监测功能设计

2)安全保护功能

在设计了安全保护功能的机房中，调研结果占比如图 4.53 所示。"根据设备故障或水流开关信号关闭冷水机组"与"冷水机组最低流量保护"占比均达到 90%以上，"冷水机组最低冷却水温保护"设计占比也达到 81.97%，这三类是最常见的安全保护功能设置。"离心机喘振保护"与"冬季冷却塔防冻保护"设计占比分别为 60.66%与 54.40%。在安全保护上，对冷水主机的保护做得最为全面，但是对于辅助设备的安全保护，需要引起重视。

项目	比例/%
其他	0
冬季冷却塔防冻保护	54.40
离心机喘振保护	60.66
冷水机组最低冷却水温保护	81.97
根据设备故障或水流开关信号关闭冷水机组	93.44
冷水机组最低流量保护	95.08

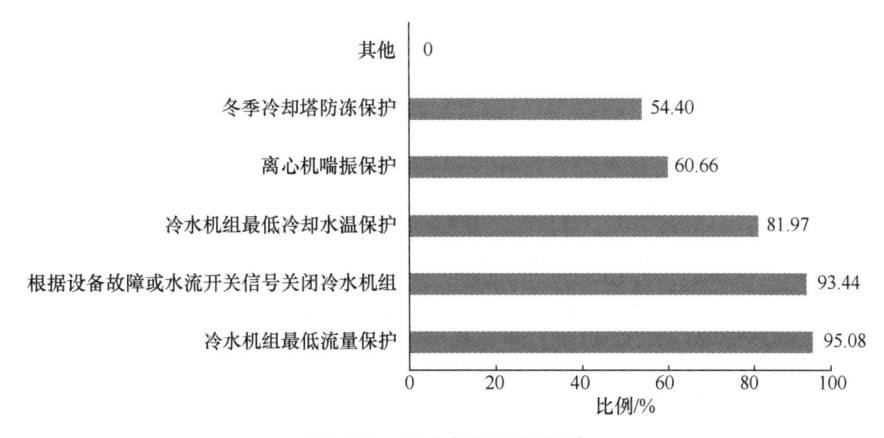

图 4.53　安全保护功能设计

3)远程控制和自动启停功能

在具有远程控制和自动启停功能的机房中，调研结果如图 4.54 所示。设计功能最多的是"冷水机组、冷却塔、冷冻水泵、冷却水泵以及阀门的顺序联动启停"和"水泵和冷却塔风机等设备的启停",占比达到 95%以上。其次是"监测冷却塔和冷水机组侧电动阀的反馈信号"和"通过设备自带单元实现冷水机组的启停",占比分别为 79.37%和 74.60%。"按时间表启停冷水机组、冷却塔、冷冻水泵以及冷却水泵等设备"占比仅 50.79%。可见,当前机房的远程控制和自动启停设计中,对机房内四类主要设备冷水机组、冷冻水泵、冷却水泵、冷却塔的启停设置已经较为全面,但并不能完全做到按时间表自动启停,离高性能无人值守机房差距较远。

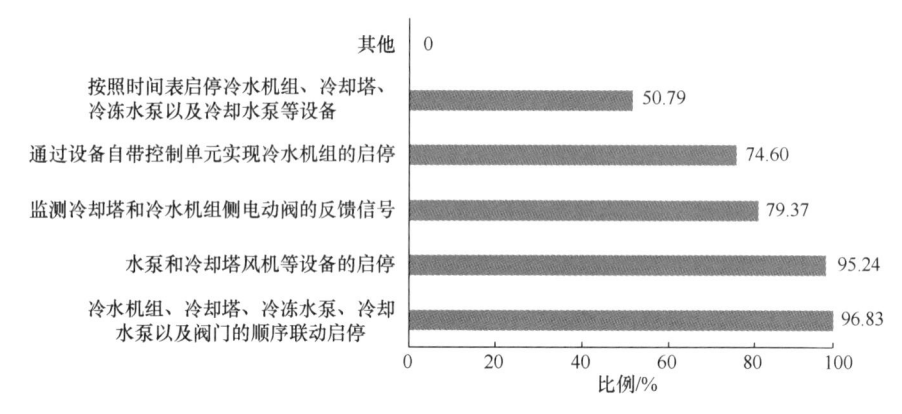

图 4.54 远程控制和自动启停功能

4) 自动调节和节能优化功能

在设计具备自动调节和节能优化功能的机房中,调研结果如图 4.55 所示。基本做到了"冷水机组、冷却塔、水泵运行台数和转速的自动调节"这一功能的全覆盖,占比达到 98.11%。60.38%的设计者会对机房设计"按累计运行时间进行被监控设备的轮换"功能。在供水温度方面,50.94%的设计者会设计"冷冻水供水温度自动重设"功能,47.17%的设计者会设计"冷却水供水温度自动重设"功能。而有 41.51%的设计者会设计"冷冻水压差自动重设"功能。当设置免费供冷功能时,64.15%的设计者会设置"冷水机组供冷/免费供冷工况转换"功能。

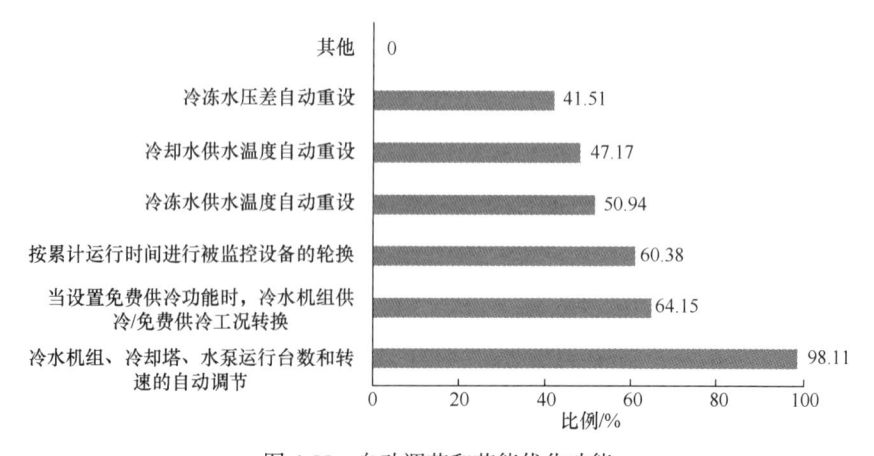

图 4.55 自动调节和节能优化功能

第4章 重庆市建筑性能化设计现状调研分析

以上调研结果表明,对设备本身运行台数与状况的调节是当前自动调节设计中最常见的考虑方面,而对系统运行参数的调节则相对较少,与高性能设计存在差距。高效机房设计需要从"点—设备"的调节扩展到"线—管网"的调节,最终扩展到"面—系统"的调节。

5)能效监测和分析功能

在设计能效监测与分析功能时,调研结果如图4.56所示。较多监测的参数是各设备、系统的用电量及运行温度与流量参数,但能很明显地看到,数据的监测比例高于数据的计算使用比例,部分设计者只将功能停留在监测阶段,没有对监测到的数据进行处理分析,没有计算出性能能效参数,若仅监测而不使用,那么监测的意义将大打折扣,这是目前机房设计与实际运行时面临的较为普遍的问题。

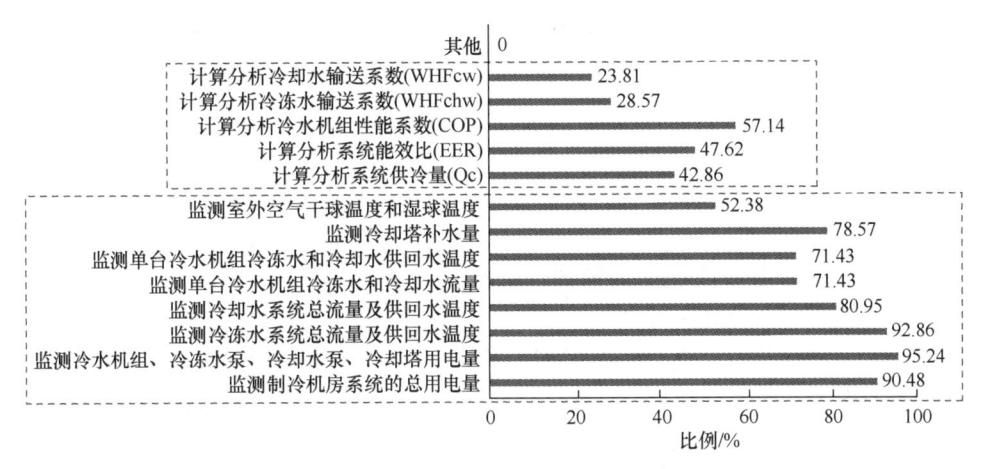

项目	比例/%
其他	0
计算分析冷却水输送系数(WHFcw)	23.81
计算分析冷冻水输送系数(WHFchw)	28.57
计算分析冷水机组性能系数(COP)	57.14
计算分析系统能效比(EER)	47.62
计算分析系统供冷量(Qc)	42.86
监测室外空气干球温度和湿球温度	52.38
监测冷却塔补水量	78.57
监测单台冷水机组冷冻水和冷却水供回水温度	71.43
监测单台冷水机组冷冻水和冷却水流量	71.43
监测冷却水系统总流量及供回水温度	80.95
监测冷冻水系统总流量及供回水温度	92.86
监测冷水机组、冷冻水泵、冷却水泵、冷却塔用电量	95.24
监测制冷机房系统的总用电量	90.48

图4.56 能效监测和分析功能设计

6)管理功能

在设计了机房管理功能的机房中,均具备记录、存储和分析功能。71.43%的机房具备与设备通信功能,65.71%的机房具备人机交互功能。但与其他系统进行数据交换的功能设计较少,占比48.57%。这表明机房管理功能还存在信息孤岛化现象,一些机房并不能与其他系统进行数据交换,可能影响整个建筑的综合分析。调研结果如图4.57所示。

项目	比例/%
其他	0
与其他系统进行数据交换的功能	48.57
人机交互功能	65.71
与设备通信功能	71.43
记录、存储和分析功能	100.00

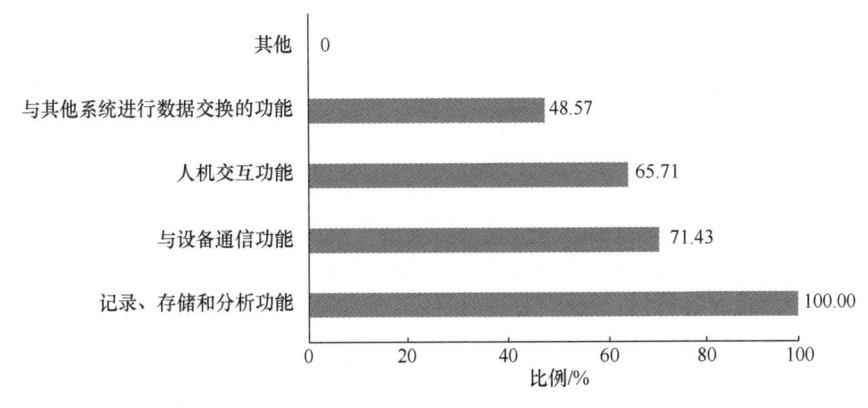

图4.57 管理功能设计

需要强调的是，以上六项功能设计统计结果是对设计了对应功能后的进一步细致调研，其比例并不是以总调研人数为基数。

综合以上分析，在系统功能方面，当前机房设计在参数监测、控制启停、安全保护、调节优化方面较为重视，但是获取参数后，对于参数的进一步分析较少。在机房参数监测功能里，监测范围较为全面，具备后续分析与管控的数据基础；在安全保护功能中，对冷水主机的保护设计做得最为全面，但对辅助设备的保护有一定忽略；当前机房的远程控制和自动启停设计中，对机房内四类主要设备的启停设置已经较为全面，但并不能完全做到按时间表自动启停；在自动调节和节能优化功能中，对设备本身运行台数与状况的调节是当前自动调节设计中最常见的考虑方面，而对运行参数的调节则相对较少，难以从"点"到"线"再到"面"的调节；在设计能效监测与分析功能时，部分设计者只将功能停留在监测阶段，没有对监测到的数据进行处理分析，无法判断实时情况进行可能的纠偏与调整；机房管理功能还存在信息孤岛化现象，一些机房并不能与其他系统进行数据交换。

9. 技术采用分析

1）节能技术

除了机房系统设备、管网、控制方面的高效选择，对于节能技术的采用，也是提升机房能效，创建高效机房的一大方面。

调研结果如图 4.58 所示，冷凝热回收与冷却塔免费供冷两种技术措施是目前较常见到的系统节能措施，占比分别为 56.63% 和 55.42%。冷水机组串联逆流布置技术使用较少，占比 10.84%。18.07% 的设计人员表示并未采取更多的节能措施提升机房能效。以上分析表明当前机房设计缺乏特殊节能措施设计，各类节能技术需要进一步普及应用。

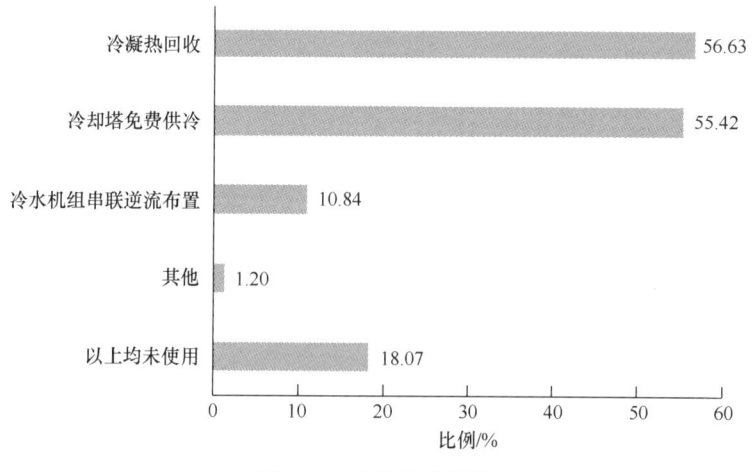

图 4.58　节能技术设计

2）智慧新技术

随着计算机科学的长久发展，机房设计、建设、运行越来越智能化。人工智能控制策略、BIM 运维管理、无人值守机房等概念相继出现，将引领高效机房的进一步发展。

对于新技术应用，调研结果如图 4.59 所示。当前，BIM 技术采用最多，占比 67.47%。该技术可以对机房进行准确模拟，优化管网，将各设备、阀件位置模拟固定到位，是今后高效机房设计不可缺少的设计技术。42.17%的设计人员使用了智慧能源管理技术，实现所有耗电设备运行参数在线监测和机房全自动化无人值守运行。40.96%的设计人员使用了能效控制技术，实现核心耗电设备运行效率不低于 70%设计值，机房系统实时能效不低于设计值。装配式机房技术基于 BIM 技术，可从设计源头各个部分考量机房实操性、高效性、耦合性，提升了机房工程集成化、精细化程度，但目前设计中运用较少，仅 22.89%的设计人员采用。6.02%的设计人员采用云计算技术，实现了运行数据远程报表分析、专家团队指导和能效提升功能。目前，智慧新技术的设计使用率除了 BIM 技术外其余均处于较低水平，且还有 15.66%的设计者表示未采取任何新技术措施。

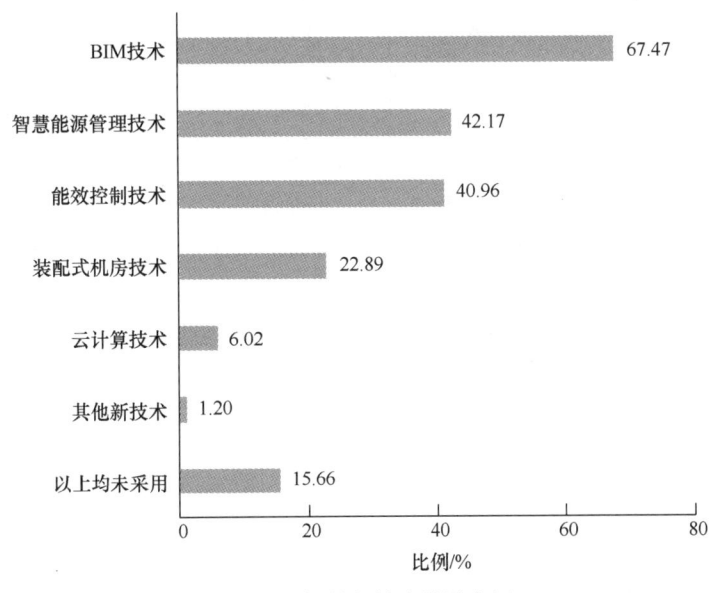

图 4.59 智慧新技术设计应用

综上所述，目前的机房在技术采取上，节能技术使用率仅有 55%左右，使用种类也不多，未有创新性的特殊节能技术；依赖计算机的新技术也没有被广泛采用，仅 BIM 技术使用相对较多，而采用智慧新技术是高效机房性能设计的有效手段。

10. 高效机房概念普及

高效机房的概念最早出现于国外，但是国内近几年才开始倡导高效机房，目前高效机房在设计、建设、评价等方面的标准体系没有完善，此次调研对涉及高效机房的国内外标准进行了知晓率统计，可了解高效机房的概念在目前行业内是否普及。

调研结果如图 4.60 所示，中国工程建设标准化协会的两部标准《高效空调制冷机房评价标准》(T/CECS 1100—2022)和《高效制冷机房技术规程》(T/CECS 1012—2022)具有较高的传播度，知晓率在 60%以上。广东省标准《集中空调制冷机房系统能效监测及评价标准》(DBJ/T 15-129—2017)被认为是我国第一部涉及高效机房指标的标准，也具有 45.78%的知晓率。其余高效机房标准特别是国外高效机房标准在设计人员中知晓率较低。

选项	小计	比例
中国工程建设标准化协会标准《高效空调制冷机房评价标准》(T/CECS 1100—2022)	57	68.67%
中国工程建设标准化协会标准《高效制冷机房技术规程》(T/CECS 1012—2022)	53	63.86%
广东省标准《集中空调制冷机房系统能效监测及评价标准》(DBJ/T 15-129-2017)	38	45.78%
中国工程建设标准化协会标准《空调冷源系统能效检测标准》(T/CECS 549—2018)	26	31.33%
中国电子节能技术协会标准《集中空调制冷机房系统能效等级及限定值第1部分：采用电驱动水冷式冷水机组的机房系统》(T/DZJN 78—2022)	20	24.1%
中国工程建设标准协会标准《机电一体化装配式空调冷源站》(T/CECS 10102—2020)	15	18.07%
不了解高效机房相关标准	13	15.66%
新加坡建设局(BCA)《空调系统设计运行规范》(SS553:2016)	9	10.84%
美国ASHRAE Guideline 22-2012 Instrumentation for Monitoring Central Chilled-Water Plant Efficiency	9	10.84%
山东土木建筑学会标准《集成式制冷机房应用技术标准》(T/SDCEAS 10008—2022)	8	9.64%
美国ANSI/ASHRAE/IES Standard 90.1-2019 Energy Standard for Buildings Except Low-Rise Residential Buildings	8	9.64%
新加坡Code for Environmental Sustainability of Buildings, 3rd Edition	4	4.82%
日本《公共建筑节能设计标准》(CCREUB)	4	4.82%
欧盟Energy Efficiency and Certification of Central Air Conditioners	4	4.82%
其他[详细]	0	0%
本题有效填写人次	83	

图 4.60 高效机房相关标准知晓率

可见，目前高效机房并没有成为设计人员的基本共识，行业对高效机房的强调宣传力度仍然不够，高效机房标准并未完善和普及，需要进一步加强高效机房相关标准的编制与宣传，让更多的人知晓高效机房的概念，在设计、工程、检测、评价等方面指导和规范高效机房的建设运维，切实提升机房能效，降低能耗，助力"3060"双碳目标。

4.2.4 机房设计存在问题

经以上调研分析后,认为重庆地区公共建筑冷热源机房性能设计存在以下几个问题。

1. 设计方法与步骤欠缺

性能化设计方法使用不足。目前机房设计仍然以传统合规性设计为主,此种方法虽然较为成熟,有完备的标准体系予以参考,但是无法体现制冷机房具有的复杂、相互耦合和动态变化特性,从而导致设计方案达不到机房能效指标要求或经济性不佳。

负荷分布分析不深入不全面。为实现高效机房建设目标,设计人员应根据建筑动态负荷特点、气候特征及建筑功能,结合建设方项目定位,选取适宜的系统形式和设计参数。但现阶段对于建筑动态负荷特点的考虑存在不足,对负荷特征的分析不全面,在负荷组成、负荷时间分布等方面均存在分析不到位或忽视的情况。

2. 机组设备调节性较弱

对于主机,一台机组选型存在因成本考虑而降低调节性能的现象;多台机组搭配时,组合形式、容量比存在较大差异,对系统调节能力的设计不足,可能难以根据负荷变化有效调节系统工况,且较少考虑大于50%的多台机组间容量比,备用性有待商榷。

对于水泵,现在较常使用的水泵选型方法因系统负荷变化并不能使水泵长时间运行在高效点,水泵高效运行区与分布时间最长的系统流量特征区间无法匹配一致,水泵全年处于高效运行工况的时间不佳。

3. 运行参数设计节能性较弱

机房系统管网的主管与支管流速设计均较大,可能增加不必要系统阻抗。对于冷却侧,逼近度设计考虑不足,且取值较高;冷却水系统水力平衡措施不到位。水系统温差设计较传统,大温差设计理念并未在当前设计中得到普及和认同,在设计中较少出现。

4. 变频控制设计不足

冷却侧冷却水泵与冷却塔风机的变频控制设计相对冷冻侧冷冻水泵较少。

5. 监测数据取而不用

目前机房设计对于收集数据后的应用分析较少,监测数据取而不用是机房监控功能设计的主要问题。对运行数据分析不足,导致无法判断实际情况,系统难以对运行参数进行可能的纠偏与调整。

6. 高效理念不普及

机房设计中节能技术与智慧新技术使用较少,设计人员对于高效机房理念了解不深入、不广泛,行业对高效机房性能设计的强调与宣传力度不够,标准体系不健全,高效理念并未普及。

4.2.5 总结

高效机房系统是一个密切配合、相互耦合、运行变化的综合系统，需要在设备选型优化、管网设计优化、群控策略整合、系统整体调试等方面一同提升，设计、安装、运维、调适、监测各个环节都需要密切配合。设计作为高效机房构建的第一步，引导整个机房的高品质、高性能、高质量实现，考验的是设计人员对于高效的理解和运用，在舒适性、经济性基础上通过各类技术手段设计实现机房高效运行。了解目前重庆地区机房设计存在的不足，有利于改善设计，向高效机房设计目标迈进。

"双碳"目标为各行各业提出了节能降碳的硬性指标，冷热源机房系统用能作为公共建筑用能的重要组成部分，节能降碳潜力巨大，高效机房设计构建是行业发展趋势，也是完成"双碳"目标、建设美丽中国的需要。

作者：重庆大学　重庆市绿色建筑与建筑产业化协会绿色建筑专业委员会　丁勇、罗梓淇

4.3 公共建筑空调系统性能设计现状调研

4.3.1 调研背景

公共建筑功能繁多，室内热环境情况复杂，且人员聚集较多，在无形中提高了对室内环境质量的要求，若空调系统设计不当，则运行过程中容易出现冷热不均、室内环境品质低的情况，因此，在追求高品质建筑设计过程中，无疑对公共建筑的暖通空调设计也应有更高的要求。基于此，本节对公共建筑空调系统性能化设计现状进行调研，分析了当前设计状态中对高品质、高性能、高质量要求存在的问题进行了总结。

4.3.2 调研内容与基本情况

1. 样本投取

调研问卷发放采用问卷星的方式，共收集到有效答卷83份。本次参与调研的人员是重庆各设计院的空调系统设计人员，能够有效保证本次的调研对象普遍具有一定的相关知识储备，使本次调研结果具有可靠性。

2. 问卷内容

本次调研问卷问题形式包括单选、多选与填空。问卷主要从空调系统的设计方法、气流组织分析模拟的应用情况、送风方式、风口设计、风口布局、送风参数、舒适节能导向等几个方面进行设计现状的调研。

4.3.3 调研结果分析

1. 设计方法分析

公共建筑的功能需求多样，需要的空调系统的设计方案也在不断优化提升，可供选择的设计方案呈现多样化，因此设计人员确定的设计方案是否合理、是否满足建筑功能和形式、是否对系统性能有优化提升，变成了影响空调系统设计质量的重要因素。当前，针对空调系统的设计方法主要可以分为两种情况，一种是按照标准规范设计流程进行的合规性设计方法，另一种是基于系统性能优化目标的性能化设计方法。

空调系统的合规性设计方法指的是直接从设计规范选取系统形式和设计参数，参数选取只规定上下限，设计结果以保证满足规范的基本规定为准，但系统性能能否达到其中的高质量要求则无法知晓或控制。而由于当前对建筑内环境的要求越来越高，空调系统的设计不再满足于基本的温度要求，同时也需要将建筑需求、选型配置、控制策略、热舒适等级等多方面的要素纳入空调系统性能提升的目标中，因而合规性设计方法存在一定的缺陷。

性能化设计方法是指以优化空调系统性能为导向、充分考虑建筑需求、选型配置、控制策略、热舒适等级等影响因素，并利用气流组织模拟分析工具，选取出优化性能的组合设计方案。与合规性设计方法相比，性能化设计方法具有控制变量更多、设计计算更精确、设计各步骤的关联性更强等优点，有利于满足空调系统性能的高要求。

如图 4.61 所示，调研人群目前在设计空调系统时常采用的设计方法，结果来看，采用合规性设计方法的人数占 85.54%，占比过半，采用性能化设计方法的人数仅占 14.46%。根据上述对设计方法的比较，目前大部分设计仅依据了标准进行设计，欠缺对涉及指标的综合分析，容易忽视设计与建筑环境之间的联系，设计方案可能无法满足项目的具体情况、负荷特性和建筑的使用功能要求。因此，设计方法的不足有可能导致空调系统性能不理想。

2. 气流组织设计情况分析

空调室内气流组织设计不合理不仅会导致人员热舒适性降低，而且还会影响工作效率和身心健康，同时还会导致设备初投资和运行费用的增加[①]。根据不同建筑形式及建筑使用功能，每种空调房间都具有其不同的结构、负荷、能耗等特点，在空调系统气流组织设计时要同时考虑温度、湿度和风速的分布情况、能耗的大小和舒适性好坏等各种综合因素。因此优化空调室内气流组织设计是提高空调系统设计性能中的重要环节，下面将对目前气流组织的设计情况进行分析。

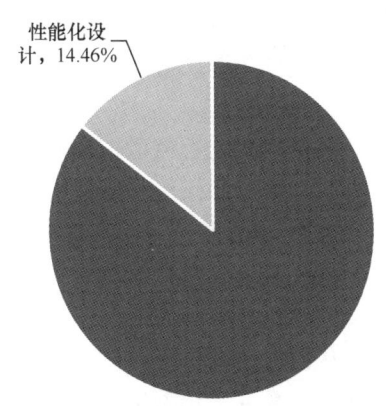

图 4.61 空调系统设计方法使用现状

---

① 郁文红，李杨，高艳. 空调室内气流组织与建筑节能. 建筑节能，2017，45(5)：7-9，16.

1)气流组织计算

调研人群进行室内气流组织计算占比和计算方法如图4.62所示,调研结果显示进行了室内气流组织计算的人数仅占36.14%,超过大半的人未进行气流组织计算,占总人数的63.86%。在进行了气流组织计算的设计人员中,83.33%的人依据设计手册射流公式进行计算,36.67%采用计算流体力学(computational fluid dynamics,CFD)数值模拟计算。

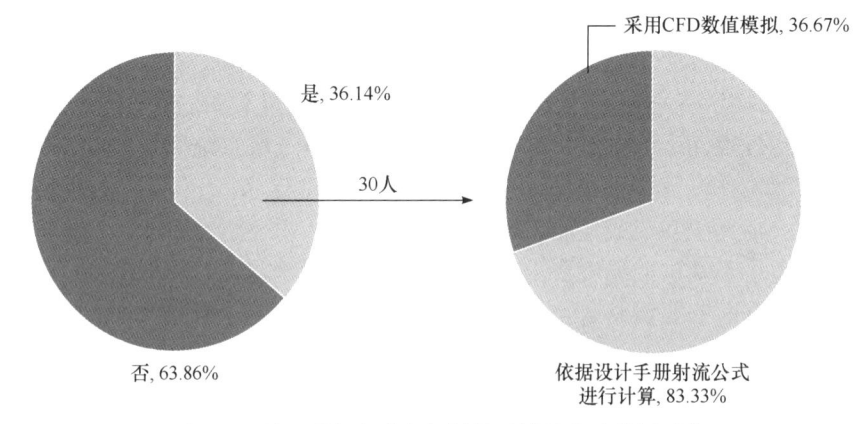

图4.62 是否进行气流组织计算及计算方法使用现状

以上结果表明,目前在空调系统设计过程中存在脱离气流组织计算步骤进行设计的问题,不进行气流组织的计算,设计的空调系统能否产生其应有的对室内空气的调节效果就无法确定。同时《民用建筑供暖通风与空气调节设计规范》(GB 50736—2012)7.4节规定应根据空调区的温湿度参数、允许风速、噪声标准、空气质量、温度梯度以及空气分布特性指标(air diffusion performance index,ADPI)等要求,结合内部装修、工艺或家具布置等进行气流组织设计,盲目设计而忽视气流组织计算步骤,设计时将无法控制标准中所规定的如室内布局等因素对气流组织的影响,这样的空调系统设计可能难以判断能否达到有效的气流射程、与室内空气掺混效果、人员是否处于室内回流区等结果,对后续的设计环节和最终效果将带来不利的影响。

2)送风方式

送风形式对气流的混合程度、出口方向及气流断面形状有着直接影响,对送风射流具有非常重要的作用,所以空调房间的气流组织形式主要取决于送风形式。

如图4.63所示,用多选形式调研设计人员在空调系统送风方式选型中的主要考虑因素,占比从大到小依次为:室内布置、送风高度、建筑类型、人员感受,且以上四项的选择人数都有较高的占比。

从占比的大小顺序结果来看,当前设计人员在进行送风方式设计时,较多以室内布置和送风高度为选型出发点,基本参照规范中规定的送风方式选择的要点,主要是满足气流射程、与室内空气掺混的设计要求。相对而言,设计人员对建筑类型、人员感受因素考虑得较少,可能是由于设计规范没有对其做明确规定。不同建筑类型有着不同的送风设计需求,如对于小型建筑空间的空调送风,需要注意回风口的诱导作用对室内气流组织的影响,避免形成"冷量短路"现象而引起热舒适问题;水平跨度较大的高大建筑空间的空调送风设计，应尽可能将送风口围绕人体活动区域均匀布置，以提高建筑下部空间气流组织的均匀性和环境热舒适性。因此当前对送风方式的设计考虑因素存在局限性，可能导致气流组织无法满足建筑和室内人员的热环境需求。

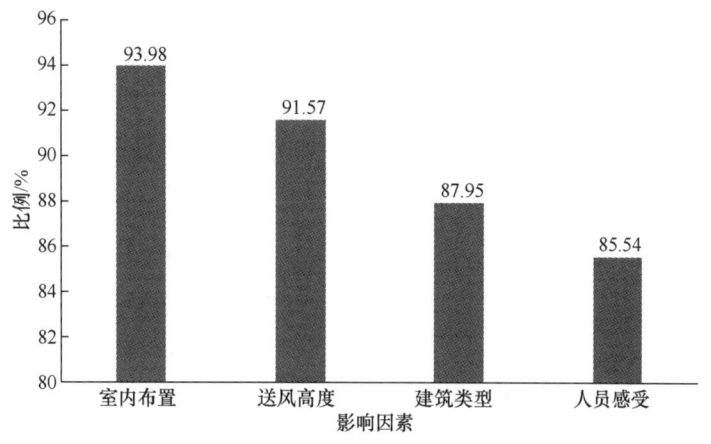

图 4.63　送风方式考虑的影响因素

此外，从调研选项都具有较高的选择率来看，人员在选择送风方式时都会考虑一定的影响因素，但气流组织设计部分调研结果显示人员并未进行充分的气流组织模拟计算，反映出设计送风方式时，设计人员存在凭借经验盲目设计的问题。

3. 风口设计分析

1) 风口布局

风口布局设计不仅直接影响空调系统的节能性，也在很大程度上影响着室内环境的热舒适性和空气污染物浓度分布。调研设计人员在布置风口位置时分析的影响因素，结果如图 4.64 所示。

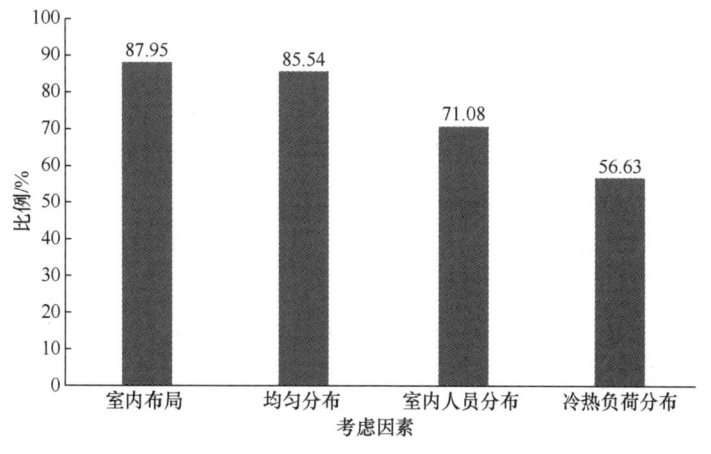

图 4.64　风口布局的分析因素

从调研结果可以看出，在布置风口位置时，设计人员更多考虑的是室内布局和能否均匀布置风口，但对室内人员分布和冷热负荷分布情况考虑尚浅。将考虑室内布局和考虑室内人员分布的人数对比，考虑室内布局因素的人数占比最多占87.95%，而考虑室内人员分布的人相对较少；将考虑能否均匀布置与考虑冷热负荷的人数进行对比，考虑能否均匀分布的人数占85.54%，而考虑冷热负荷分布的人数仅占56.63%。以上两类对比结果反映出，当前设计人员对风口布局设计凭借经验进行布置较多，常固定思维均匀布置，较少考虑实际人员和散热设备所在位置，同时存在为配合装修效果的美观性而调整风口位置等现象，这样的设计方法容易忽视在空调环境中人员分布和活动水平、设备散热等的影响，不合适的风口布局可能导致室内污染物聚集、引起冷吹风感等问题，使人体舒适度降低，同时容易对空调能耗造成浪费。

2）风口选型

用多选形式调研人群对不同送风方式的风口选型，结果如图4.65所示，可以看出设计人员对风口的选型与送风方式有着不错的匹配度，如上侧送风时选用双层百叶风口、喷口，顶送选用散流器、旋流风口。但设计人员针对某一送风方式的风口选择较为单一，如上侧送风集中在喷口、双层百叶风口选择上，在选择风口时可尽可能多地考虑风口类型，同时应从控制要求、气流形式、出风方向等方面选择与送风形式匹配的风口类型。

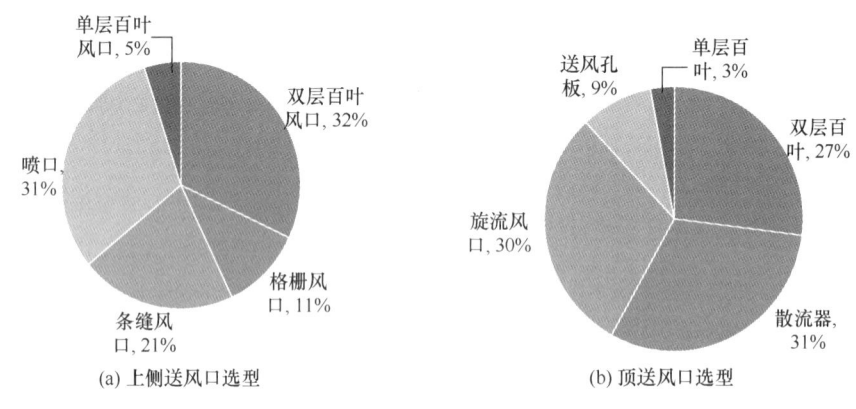

(a) 上侧送风口选型

- 单层百叶风口，5%
- 双层百叶风口，32%
- 喷口，31%
- 条缝风口，21%
- 格栅风口，11%

(b) 顶送风口选型

- 送风孔板，9%
- 单层百叶，3%
- 双层百叶，27%
- 旋流风口，30%
- 散流器，31%

图4.65 风口选型情况

3）风口角度

空调风口送风角度的设计，通过影响室内温度场和速度场的分布，进而影响室内舒适度及建筑能耗。本项调研选取了百叶风口和散流器两种风口类型分析设计人员对风口送风角度的设计情况，图4.66结果显示，56.63%的设计人员未考虑百叶风口的张角大小，61.45%的设计人员未考虑散流器的风口送风角度，反映出当前对风口角度的设计和控制还存在不重视或忽视的情况。

同时分析对风口送风角度的设计大小情况，分布较为宽泛，百叶风口送风角度大小设计在0°—15°的占8.33%、15°—25°的占52.78%、25°—35°的占11.11%，大于35°的占27.78%。散流器送风角度设计大小35°—45°最多，占53.12%，45°—55°占37.50%、55°—65°占9.38%。规范中对于百叶风口送风角度设计规定范围为10°—20°区间，至少38%的设计人员未按照要求进行设计，且设计值普遍偏高，这可能导致射流距离偏短；另外，由于缺乏对送风角度的规定，设计人员很难通过规范对送风角度进行有效设计。

第 4 章　重庆市建筑性能化设计现状调研分析

(a) 是否分析百叶风口对开张角

(b) 是否分析散流器送风角度

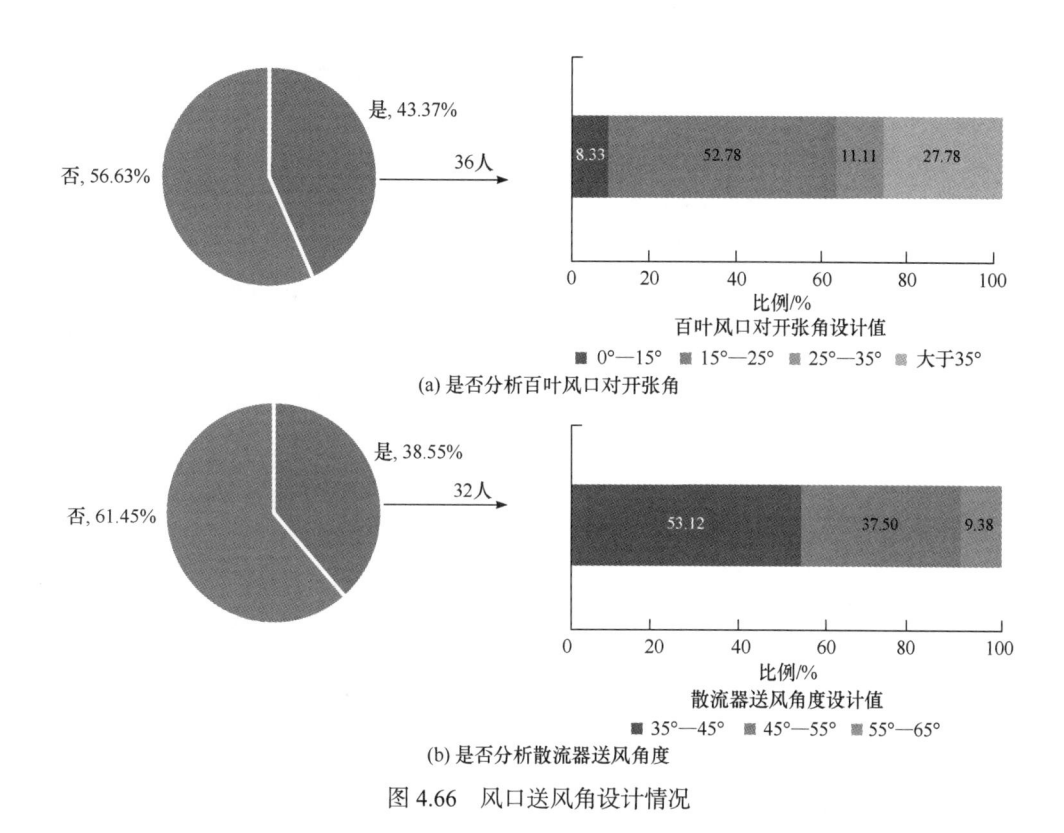

图 4.66　风口送风角设计情况

以上结果可知，风口送风角度在设计人员中并没有作为必要或核心的设计因素，对于有温度均匀性要求、速度均匀性要求、热舒适性要求、建筑节能效果要求的系统性能需求来说，合理选择不同角度是有益的，而目前风口角度设计考虑不足。

综上所述，在风口布局方面，设计存在忽视实际人员和设备位置的影响因素，可能造成室内污染物难以排出，进而降低空气品质和人体舒适感。当前风口选型设计时采用较多的是双层百叶风口和散流器，但也存在部分设计采用单层百叶风口、调节风向只限于一维的情况，可能导致气流组织较差。目前在风口角度设计中部分设计人员存在不重视或忽视的情况，对风口角度的选择范围较宽，且偏离规范时取值较大，从而引起射流距离的偏差。

4. 送风参数分析

1) 送风量

良好的送风量设计将为空调房间提供充足且适宜的气流，有利于保障空调环境舒适的同时使系统能耗最低。调研目前送风量的设计状态结果如图 4.67 所示，设计风量与实际风量偏差小于 5% 的占比只有 18.87%，偏差区间为 5%—10%、10%—15% 的人数分别占 41.51% 和 37.74%，还有人表示偏差范围大于 15%。由于管路阻力等影响，设计风量通常大于实际风量，当前设计存在一定程度风量偏差的情况，设计人员缺乏对送风量设计的重视，这种偏差会导致空调系统能耗的浪费，且送风量少于空调房间实际所需风量，不利于系统补充新鲜空气、稀释有害物浓度。

分析人员对送风管路进行水力计算的设计情况，调研如图 4.68 所示，结果显示目前在送风设计中风管的水力计算率并不高，有 36.14% 的设计人员没有对风管进行水力计算。《民用建筑供暖通风与空气调节设计规范》(GB 50736—2012) 中 6.6 节对风管的设计要求指出，通风与空调系统各环路的压力损失应进行水力平衡计算。在设计计算时，应用水力计算结果调整管径的办法使系统各并联管段间的压力损失达到所要求的平衡状态，不仅能保证各并联支管的风量要求，而且可不装设调节阀门，对减少漏风量和降低系统造价也较为有利。因此，设计人员忽视对风管水力计算的设计步骤，是导致存在送风量偏差的重要影响因素。

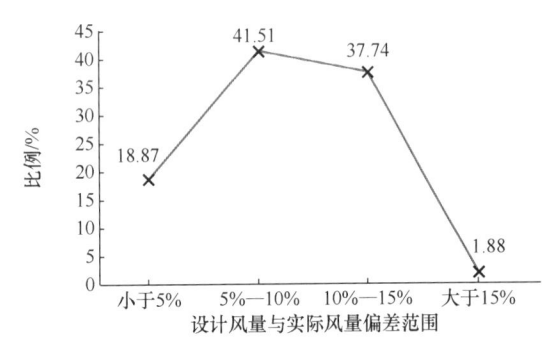

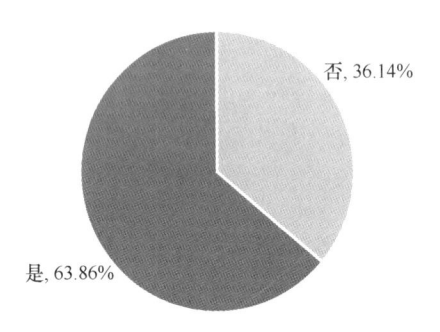

图 4.67　送风量设计情况　　　　图 4.68　是否进行了水力计算情况

2) 送风温差

送风温差指送风温度与室内设计温度的差值，是空调系统设计的重要参数，对舒适度和空调能耗影响很大。送风温差的选取应该考虑对室内气流组织的影响、空气品质和空调系统的节能运行，是一种基于多目标的设计要素。

送风温差调研结果如图 4.69 所示。根据相关设计规范要求，当送风口高度≤5m 时，舒适性空调的送风温差宜设计在 5—10 ℃区间；当送风口高度＞5m 时，舒适性空调的送风温差宜设计在 10—15 ℃区间。而从调研情况来看，当送风口高度≤5m 时，设计温差未控制在 5—10 ℃范围内的占 22.89%；当送风口高度＞5 m 时，设计温差未控制在 10—15 ℃的占 28.92%。无论是大于或小于 5 m 高度，在当前不满足规范要求的设计中，送风温差设计偏小的情况较多，引起夏季送风温度高、冬季送风温度低的情况，影响室内人体活动区舒适性；同时设计送风温差小导致系统所需的风量更大，不利于空调系统节能。

3) 送风速度

除送风温差外，空调的送风速度设计对满足热舒适也同样重要。当室内空气流动较低时，室内环境中的空气得不到充分更新，各种有害物和常见废气得不到及时排放，造成空气质量恶化影响人体健康，人员对空气满意率下降[①]。但风速也并非越高越好，特别是夏季制冷冬季供暖期间，风速较大会产生明显的冷热吹风感，容易造成人体不适。调研出风口风速的设计情况从而分析空调室内送风速度大小，结果如图 4.70 所示，设计出

---

① 徐小林，李百战，罗明智. 室内热湿环境对人体舒适性的影响分. 制冷与空调 (四川)，2004(4)：55-58.

风口风速范围在 0.5—1 m/s 的占 8.43%,1—1.5 m/s 的占 10.84%,1.5—2 m/s 的占 32.53%,大于的 2 m/s 占 43.37%。根据上述对风口选型的调研结果,选用的风口类型包括:格栅风口、条缝风口、百叶风口、喷口、散流器的人数占比过大半,以上选型的推荐风口风速一般都大于 2 m/s。但从调研结果看出,当前风口风速设计大于 2 m/s 的仅占 43.37%,普遍存在风口风速低的问题,由此可知室内送风速度也偏低。根据之前的调研结果分析,缺乏对管路的水力计算,可能导致系统压力不平衡,进而引起风速衰减,室内风速过低将不利于室内污染物排出。

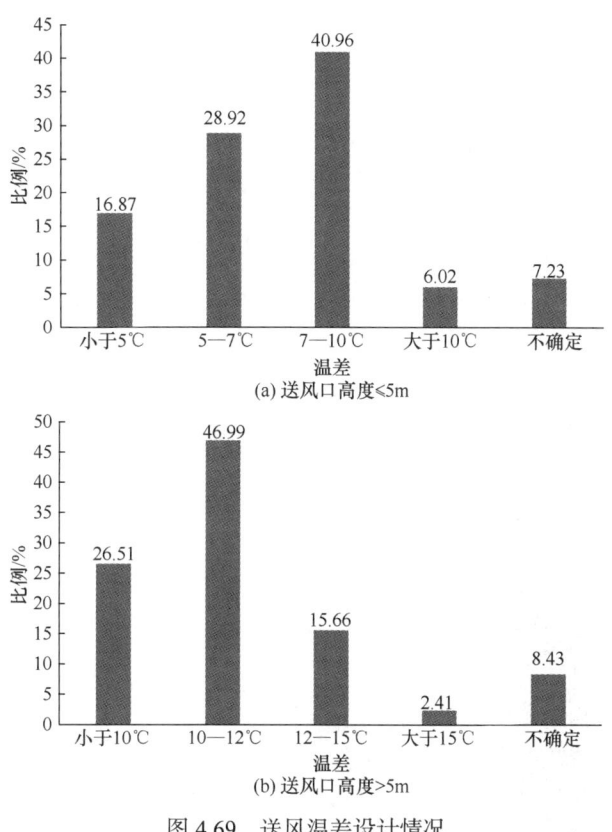

(a) 送风口高度≤5m

(b) 送风口高度>5m

图 4.69 送风温差设计情况

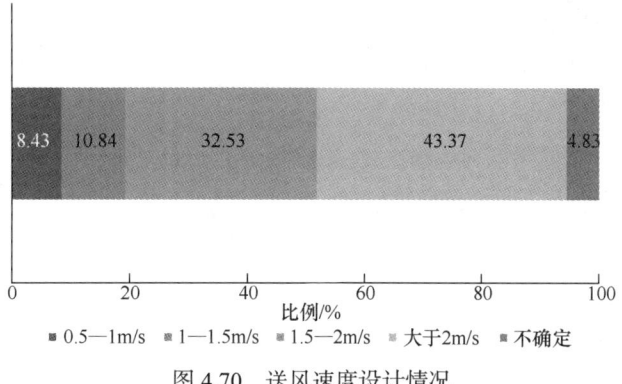

图 4.70 送风速度设计情况

综上分析，第一，在目前的空调送风参数设计中，部分人员未进行管路水力计算，导致送风量少于空调房间实际所需风量，不利于系统补充新鲜空气、稀释有害物浓度。第二，对于送风温差的设计存在不满足设计规范和取值偏小的问题，容易导致空调室内温度达不到人体舒适性需求，还会引起系统风量需求增大、能耗过高的情况。第三，空调送风速度的设计不在一部分设计人员的设计考虑之列，且其设计值普遍低于相关要求，进而可能导致室内环境中的空气得不到充分更新，各种有害物得不到及时排放，不满足良好的空气品质需求。

5. 性能化设计分析

随着研究的深入，对暖通空调系统的设计要求不局限于满足基本的空调环境需求，还提出了针对舒适、节能等目标的空调系统设计，设计人员对空调系统的设计导向能一定程度反映出目前的空调系统设计是否针对了性能化要求。

1）热舒适导向

采用多选形式调研人群在设计过程中对空调室内热环境进行了哪些方面的分析，如图4.71所示，结果显示分析室内风速的人数占比为85.54%，分析冷吹风感和温度梯度引起局部不满意的人数占比为73.49%和61.45%，分析整体热感觉评价指标[预测平均热感觉-预测不满意百分率(PMV-PPD[①])]的人数占9.64%。可以看出在进行室内热环境设计时，人员对热舒适指标的分析率不高，系统可能不能达到满足热舒适的性能要求[②]。

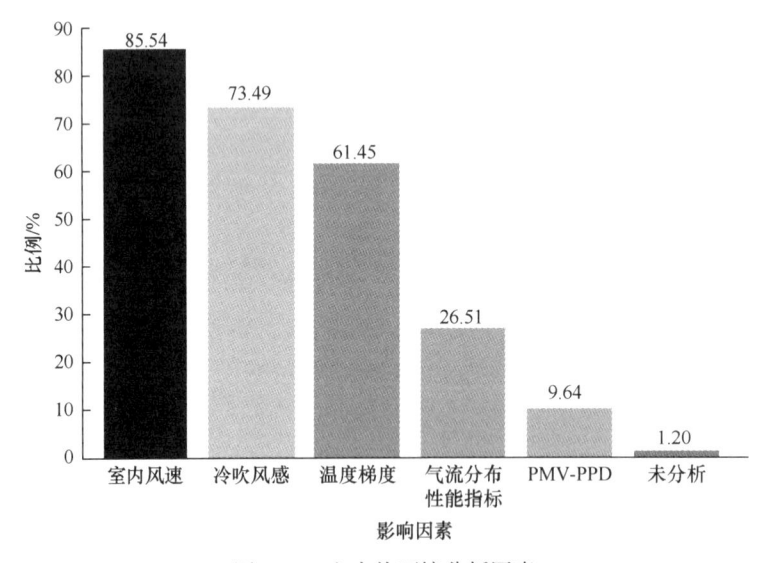

图4.71 室内热环境分析因素

此外，在改善人体吹风感带来的局部不舒适的做法中，采用多选形式进行调查，结果如图4.72所示，考虑气流方向、风口布置、送风方式、风口类型的占比分别为93.15%、

---

① 预测平均热感觉(predictive mean vote，PMV)；预测不满意百分率(predicted percentage dissatisfied，PPD)。
② 见《民用建筑室内热湿环境评价标准》(GB/T 50785—2012)。

91.78%、86.30%、83.56%，考虑室内人员活动水平、人员年龄的占比分别为 36.99%、13.70%。从以上结果看出，大部分设计人员虽然在设计时考虑了吹风感对热舒适带来的不利影响，但通常只考虑了送风形式、风口类型等对气流组织有影响的方面，少有从人员年龄、活动等角度对改善吹风感进行设计，设计人员忽视从人体需求层面进行优化设计。

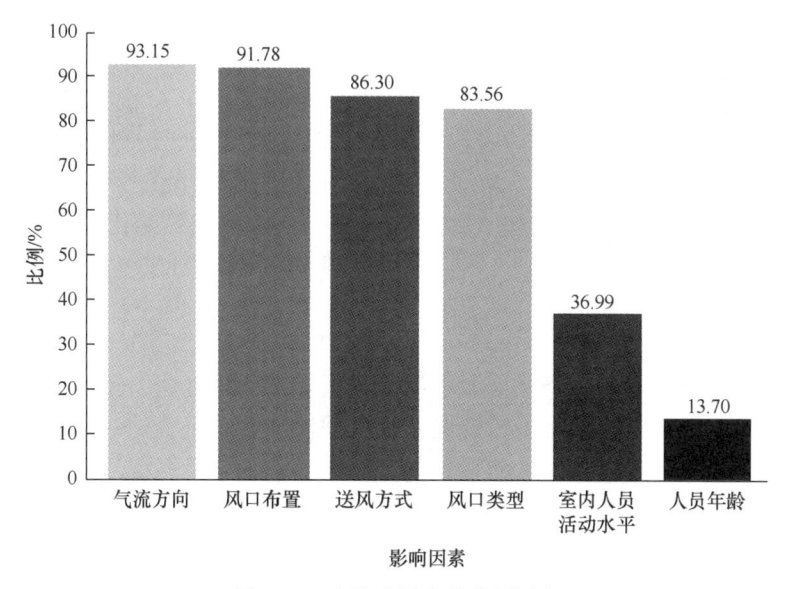

图 4.72 改善吹风感的分析因素

2）节能导向

目前，夏季室内热湿环境控制的空调方式主要是通过向室内送入经降温除湿的空气，实现室内温、湿度的控制。这种温度湿度统一控制的空调系统，不可避免地存在热湿联合处理的能源浪费问题。温度湿度独立控制的空调系统，将新风独立处理到较低的温度，让新风承担室内全部湿负荷和部分或全部显热负荷，其余显热负荷由室内的干工况末端设备来承担[1]。采用两套独立的系统分别控制和调节室内湿度和温度，从而避免了常规系统中温湿度联合处理所带来的能源浪费和空气品质的降低。温湿度独立控制空调系统的设计调研如图 4.73 所示，对于热湿处理，74.70%的设计人员并未考虑对其进行温湿度独立控制设计，25.30%的设计人员表示会考虑设计温湿度独立控制系统。空调系统根据空调区负荷的变化采用自适应控制等方式，对空调使用区域的温、湿度等环境参数进行调节的设计不足，温湿度独立控制并没有

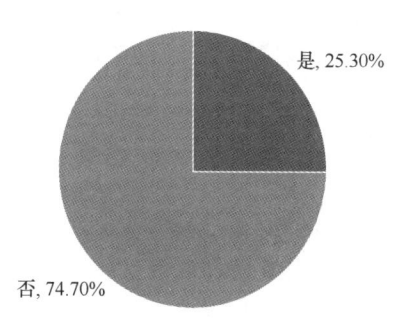

图 4.73 是否具备温湿度独立控制设计

---

[1] 张海强，刘晓华，江亿. 温湿度独立控制空调系统和常规空调系统的性能比较. 暖通空调，2011，41（1）：48-52；《绿色建筑评价标准》（GB/T 50378—2019）。

得到广泛设计使用，对系统的节能控制性能可能产生削弱[①]。

通过以上分析发现，当前空调系统设计中，以节能和舒适性为导向的系统性能化设计较为匮乏；设计人员对吹风感、垂直温差等热环境指标缺少分析和控制，对人体热舒适需求分析程度较低，同时空调系统的节能化控制设计有进一步提升空间，以空调系统自适应控制等方式参与环境控制，能获得更低能耗更高质量的控制结果。若要提高空调系统设计性能，务必要使设计满足更多指标性要求，推行节能控制方法。

4.3.4 空调系统性能化设计存在的问题

通过对空调系统设计中的设计手段、气流组织模拟分析、送风形式与风口设计及热舒适指标等相关内容的调研，了解了目前重庆地区空调系统设计存在的不足，经以上对设计现状进行的调研分析，总结目前重庆地区空调系统性能化设计存在以下主要问题。

1. 设计方法不足

在进行空调系统设计时，普遍采取以规范为指导的设计办法，设计人员对性能化设计方法采用不足。设计方式依赖于传统经验，主观性强，缺乏客观的数据指导，容易忽视设计与建筑环境之间的联系，从而导致设计方案达不到空调系统环境指标要求或节能性能不佳。

2. 气流组织分析不全

目前在空调系统设计过程中存在脱离气流组织计算步骤进行设计的问题，为实现系统性能的高要求，设计人员应从送风形式和气流组织计算等方面优化气流组织设计。但目前设计人员较多存在不进行气流组织计算的设计问题，人员在送风形式选取、气流组织分布等方面均存在分析不到位或忽视的情况。

3. 设计步骤欠缺

设计人员缺乏对送风量的重视，忽视对风管水力计算的设计步骤，这可能导致送风量少于空调房间实际所需风量，系统压力不平衡，不利于系统补充新鲜空气、稀释有害物浓度。

4. 运行参数节能和舒适性较差

送风参数和送风角度设计的调研结果显示，人员对运行参数的设计偏离规范程度较大，送风角度设计值普遍偏高，可能导致射流距离偏短；缺乏对管路的水力计算，送风量和送风速度衰减大，影响空调室内空气品质；送风温差设计值小的做法将导致系统功耗偏大。

---

① 见《公共建筑节能设计标准》（GB 50189—2015）。

5. 性能化设计方法不普及

空调系统设计中节能性自适应控制技术使用人数较少，设计过程对人员分布、活动水平等情况考虑不足，缺少对热舒适和环境指标的分析。

综合分析调研情况，设计人员对满足空调系统性能需求的设计认识和实际设计做法存在出入，人员在设计满足温湿度要求的同时希望能达到性能优化，但调研实际做法却没有对相关要素采取有效设计。这种矛盾的做法反映出当前设计体系中存在的问题和阻碍，缺乏成熟完整的优化设计体系指导设计人员改善设计性能，以及节能舒适的性能化设计理论普及不足。

作者：重庆大学　重庆市绿色建筑与建筑产业化协会绿色建筑专业委员会　丁勇、晏可铭

第 5 章 因地制宜的高质量建筑发展体系构建

5.1 因地制宜的高质量绿色建筑发展思考

5.1.1 高质量绿色建筑发展需求

建筑业作为我国国民经济的支柱产业，带动上下游 50 多个产业发展，但同时建筑全过程碳排放总量占全国碳排放总量的比重达 51.3%。根据相关统计数据，2018 年建筑全过程（建材生产、建筑运行、施工）能耗占比约为 46.5%，年均增速 3.6% 以上，其中建材生产约 22.6%、建筑运行约 21.7%、施工约 2.2%。

2020 年 9 月 22 日，中国政府在第七十五届联合国大会上提出："中国将提高国家自主贡献力度，采取更加有力的政策和措施，二氧化碳排放力争于 2030 年前达到峰值，努力争取 2060 年前实现碳中和"。2021 年 3 月，《中华人民共和国国民经济和社会发展第十四个五年规划和 2035 年远景目标纲要》中提出要"全面提升城市品质"，在"推进新型城市建设"方面提出"发展智能建造，推广绿色建材、装配式建筑和钢结构住宅"，在"提高城市治理水平"方面提出"不断提升城市治理科学化精细化智能化水平"，以及"运用数字技术推动城市管理手段、管理模式、管理理念创新"。2021 年 9 月，《中共中央 国务院关于完整准确全面贯彻新发展理念做好碳达峰碳中和工作的意见》中提到要"大力发展节能低碳建筑。持续提高新建建筑节能标准，加快推进超低能耗、近零能耗、低碳建筑规模化发展。大力推进城镇既有建筑和市政基础设施节能改造，提升建筑节能低碳水平。逐步开展建筑能耗限额管理，推行建筑能效测评标识，开展建筑领域低碳发展绩效评估"。2022 年 1 月，住房和城乡建设部发布的《"十四五"建筑业发展规划》中，进一步明确了"鼓励监理企业参与城市更新行动、新型城镇化建设、高品质绿色建筑建设"。此外，《关于推动城乡建设绿色发展的意见》等文件也对发展绿色建筑提出了高质量发展的要求。

一系列国家政策的出台，对建筑业有了更多的发展要求，特别是对发展绿色建筑提出了较高的要求。在当下"双碳"目标背景下，对于建筑设计也应该有更多的思考，绿色建筑也应有更多、更精细化、更全面的体系。

2019 年修订的国家《绿色建筑评价标准》（GB/T 50378—2019）中完善了绿色建筑的定义，"在全寿命期内，节约资源、保护环境、减少污染，为人们提供健康、适用、高效的使用空间，最大限度地实现人与自然和谐共生的高质量建筑"，明确了绿色建筑应当是高质量建筑。在国家《绿色建筑评价标准》对绿色建筑的基本要求中，提到了遵循因地制宜的原则，结合建筑所在地域的气候、环境、资源、经济和文化等特点，对建筑全寿命期内的安全耐久、健康舒适、生活便利、资源节约、环境宜居等性能进行综合提升；结合地形地貌进行场地设计与建筑布局，且建筑布局应与场地的气候条件和地理环境相适应，并应对场地的风环境、光环境、热环境、声环境等加以组织和利用，这也是绿色建筑的核心本质和发展理念。为了充分体现出绿色建筑的本质要求，我们提出绿色建筑的发展应遵循地理条件的合理利用、自然资源的充分协调、环境性能的综合打造、设备材料的适宜匹配、运维管理的深度切合五个方面的实现途径。

5.1.2 地理条件的合理利用

中国幅员辽阔，地形复杂，由于地理纬度、地势条件等的不同，各地气候条件相差较大。因此针对不同的气候条件，各地建筑的节能设计都有对应不同的做法。为了明确建筑与气候的关系，我国《民用建筑设计通则》（GB 50352—2019）将中国划分为了7个主气候区、20个子气候区，并对各个子气候区的建筑设计提出了不同的要求，传统建筑如南方山地的吊脚楼、黄土高原地区的窑洞、华北地区的四合院等，人们通过就地取材、综合考虑当地的气候因素，以较小的代价建造出适应当地气候的特色建筑。

1. 气象数据的合理选用

根据研究发现，即使处于同一地区、同一城市，由于所处的位置不同，城市尺度和局部的气象数据存在一定的差异。以重庆为例，由图5.1和图5.2可知，城市尺度上主导风向以西北偏北风为主，而局地小气候上则以西风为主；城市尺度和局部气象数据温度最大温差达3.9℃，如图5.3所示。以城市气候与微气候为边界条件进行自然通风模拟分析时，结果将存在显著差异，不同局部地区风速差异最大可达51%；由此带来的朝向、窗墙比的差异可导致通风效果差别分别达到66%和400%[①]。

在通常的设计中，往往是从城市尺度进行思考，但落足到高质量绿色建筑，我们应该更细微地考虑它的特征。例如，对于坡地建筑，怎样进行布局、朝向优化，达到更好的通风、采光和遮阳效果；架空如何设置以改善场地的风环境、改善活动场地；怎样利用复层绿化，控制热岛效应。

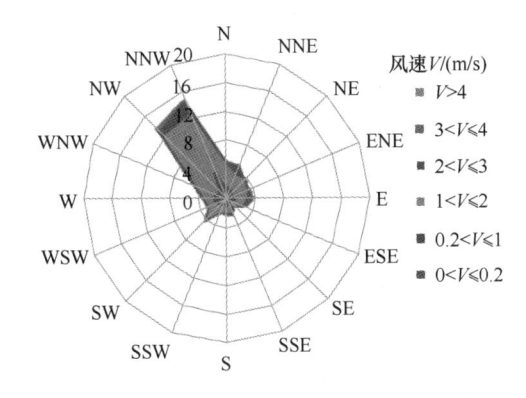

图5.1　重庆市局地小气候全年风玫瑰图 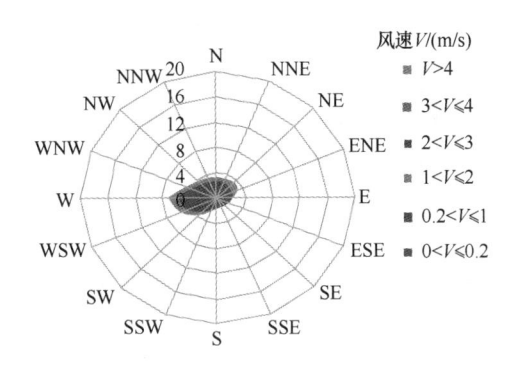　　图5.2　重庆市城市尺度全年风玫瑰图

---

① 丁勇，胡玉婷. 居住建筑室内自然通风效果关键影响因素分析——以重庆地区为例. 建筑技艺, 2021, 27(4): 106-108.

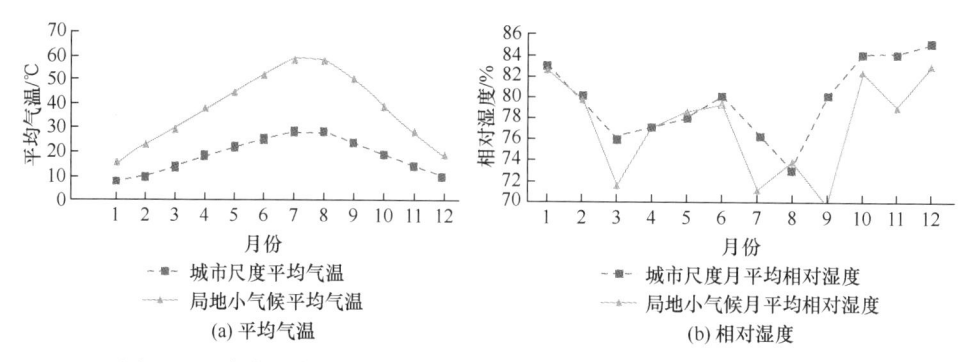

图 5.3 重庆市城市尺度与局地小气候实测月平均气温、相对湿度对比图

2. 建筑布局对室内环境的影响

通过以下的实例分析,可以说明建筑布局对于室内通风效果的影响。

1) 建筑朝向的影响

在如图 5.4 所示的户型中,建筑的西面和北面均没有开口,来自西北方向的气流受到阻碍后,绕过建筑在主卧窗户处形成回流区,使得主卧窗户成为唯一的进风口;而阳台处风速几乎为 0,此处较大开口形同虚设(图 5.5)。当户型朝向改变后如图 5.6 所示,北面开口数增多,阳台和次卧成为气流进入的主要开口,风速明显增大,阳台处的较大开口得以利用,室内气流组织明显得到改善(图 5.7)。同时由于房间内自然通风效果增强,室内温度分布更加均匀,温度下降速度更快,相比原朝向温度下降 0.9℃,且更多房间 PMV[①]趋近于 0。

由此可见,对建筑的朝向进行选择时,要结合当地风向,确定不同建筑体型的正压区和负压区,以判断开口处能否产生良好的通风效果,避免开口形同虚设。

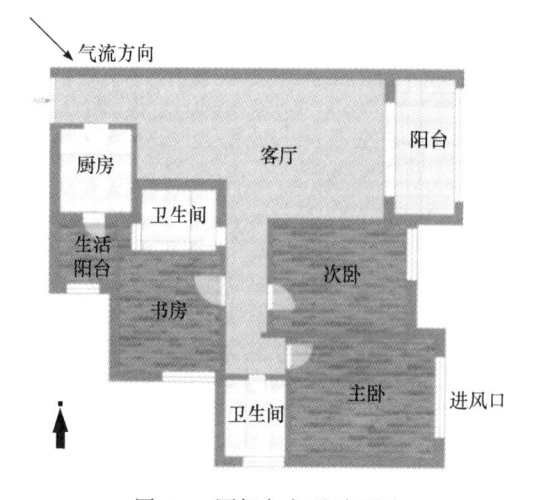

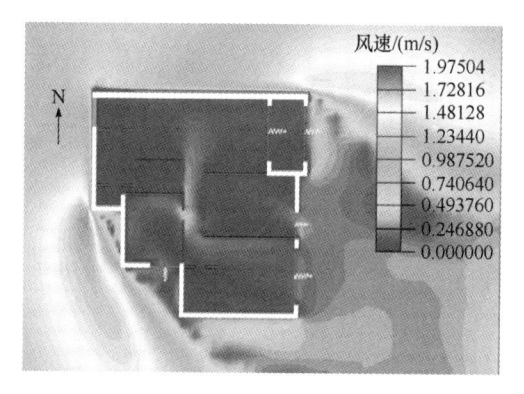

图 5.4 原朝向户型平面图   图 5.5 原朝向户型气流组织分布图

---

① PMV(predicted mean vote),即预测平均热感觉,该指数是以人体热平衡的基本方程式以及心理生理学主观热感觉的等级为出发点,考虑了人体热舒适感诸多有关因素的全面评价指标。

图 5.6　旋转后户型平面图

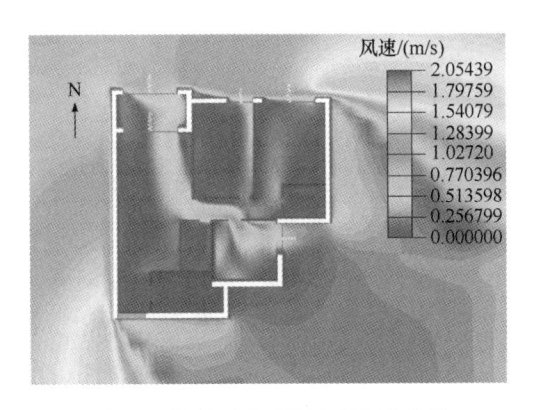

图 5.7　旋转后户型气流组织分布图

2) 合理开口的影响

在如图 5.8 所示的户型中，原户型中书房只有一个朝向开窗，在南向未开设窗户，这导致书房内基本上没有气流流动(图 5.9)。如果在书房南向增设一个窗户(图 5.10)，从主卧的进风口流入的气流就会有部分流入书房内，从新增的窗口流出，强化了书房内的气流组织。原来的书房窗口此时也形成了进风口，不再形同虚设(图 5.11)。同时，加大客厅的面积后，利用了建筑拐角处的回流，达到了强化自然通风的目的。

图 5.8　原户型平面图

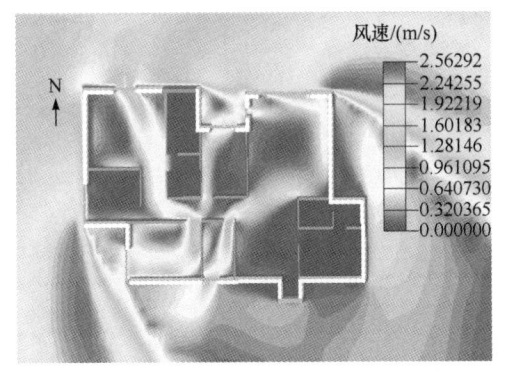

图 5.9　原户型气流组织图

从上面的分析可见，在对建筑的局部开窗位置和大小改动后，室内气流更加通畅，对室内热舒适的满意程度也有所提高。

3. 绿化对环境的改善

如图 5.12 和图 5.13 所示，根据对常见的三种室外环境地面情况的对比研究，测试结果表明，对于单一草坪、人工地面和乔灌绿化三种情况，其表面温度确实具有较大的差异，各种表面温度相差 10 ℃以上；但对于位于三种表面之上的人员活动区域高度的空气温度，单一草坪和人工地面二者间并没有明显差异，但乔灌绿化却导致空气温度可以降低约 10 ℃[①]。

[①] 袁梦薇. 不同植被类型对居民住区室外热环境改善效果研究. 重庆：重庆大学，2021.

图 5.10　调整后户型平面图

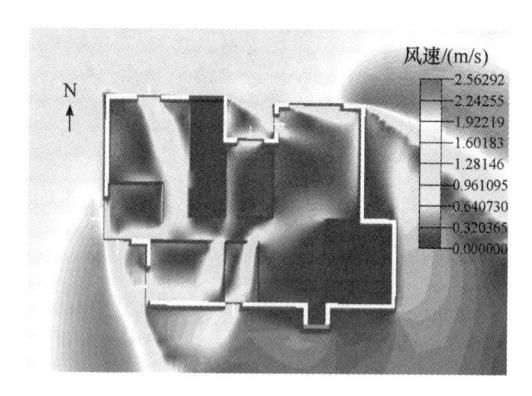

图 5.11　调整后户型气流组织图

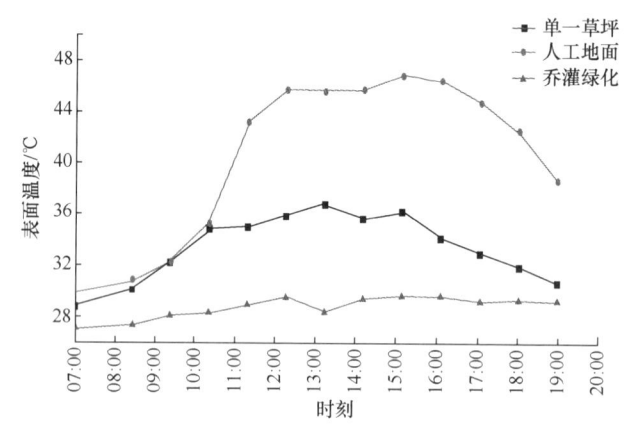

图 5.12　三种室外环境地面的表面温度

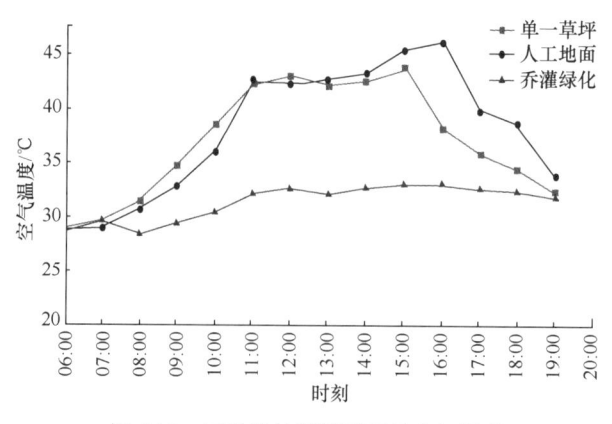

图 5.13　三种室外环境地面的空气温度

由此可见，对于绿化，单一草坪对缓解热岛效应的效果几乎没有，而乔灌木相结合的绿化可以有效降低空气温度、缓解热岛效应。重庆存在大量的坡地地形，正好可以有效利用不同高度，形成既具有观赏性又可以实现功能性的复层乔灌绿化。

5.1.3 自然资源的充分协调

对于资源的利用，最终要反映在其应用效果上。自然资源如降雨、江河湖泊、风能、太阳能，落足到建筑里的利用主要有雨水回收、海绵城市、水源热泵、光伏光热、自然通风等应用。在实际的设计、施工过程中针对不同地区的资源情况，应根据资源的分布特性、资源可利用度、需求特性、供需匹配、产业配套综合性考虑，针对不同的建筑类型进行具体分析，根据建筑特征合理选择可再生能源技术，降低常规能源消耗，促进资源的最大化利用。

可再生能源也是一种自然资源，其应用往往是依据工程项目的需要。将一个区域的资源情况予以掌握，并做好资源的可利用度分析，结合项目层面各自的需求，再进行能源、资源需求侧的转换对接。这样可以解决好关键能源资源的可利用度与项目需求的匹配协调问题，从而实现自然资源的最大化利用。这种思路需要在城区、片区整体规划中将建筑能源供应纳入，建立可再生能源建筑应用的整体布局，然后根据具体项目的需求特性分析，予以合理配置，从而实现建筑可再生能源的规模化、最大化利用，改变现在单一项目建设中逐个考虑能源利用的思路。如图 5.14 所示，在城区规划中，基于建筑的可再生能源利用，摸清片区可利用的能源种类，包括可再生能源、常规能源，建立整体的供应量；再结合能源消费侧的需求，也就是实际的项目建设，根据需求与供应的匹配，确定能源转换的方式，从而实现可再生能源应用正向推进模式。

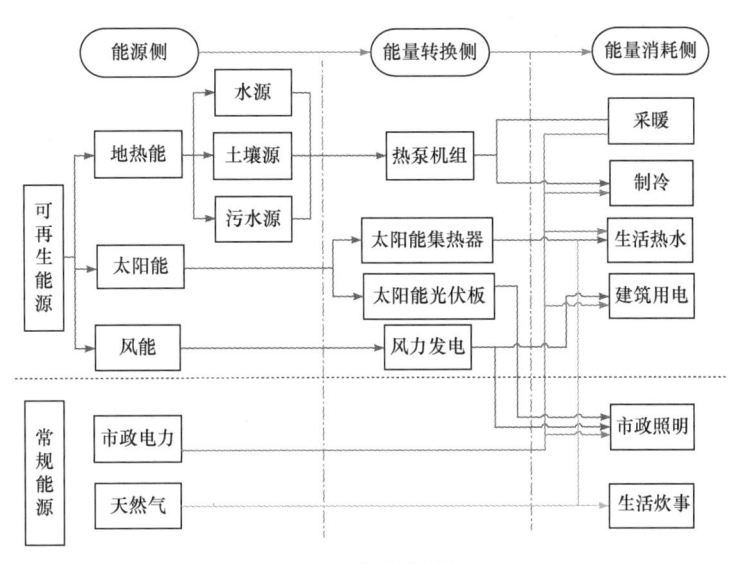

图 5.14 能源利用途径

1. 浅层地热资源

浅层地热资源在建筑中的应用最主要是地源热泵技术，其主要涉及土壤源热泵和江水源热泵，无论是土壤还是江水，这都是一种自然资源，这些资源存在分布特性和自然属性，因此，在应用的时候，一方面需要考虑资源的分布特性，如江水源热泵就涉及江水的分布，涉及水源取水、原水回水等问题，土壤源热泵中需要考虑不同性质土壤的热扩散能力等问题；而另一方面，则要考虑其自然属性，如土壤源热泵中涉及不同深度土壤可利用的潜能问题，江水源热泵中涉及不同水源的流量、温度等问题。如图 5.15 和图 5.16 所示，这些问题对于资源是否合理、有效利用起到至关重要的作用，也是保证资源真正起到可利用作用的关键。

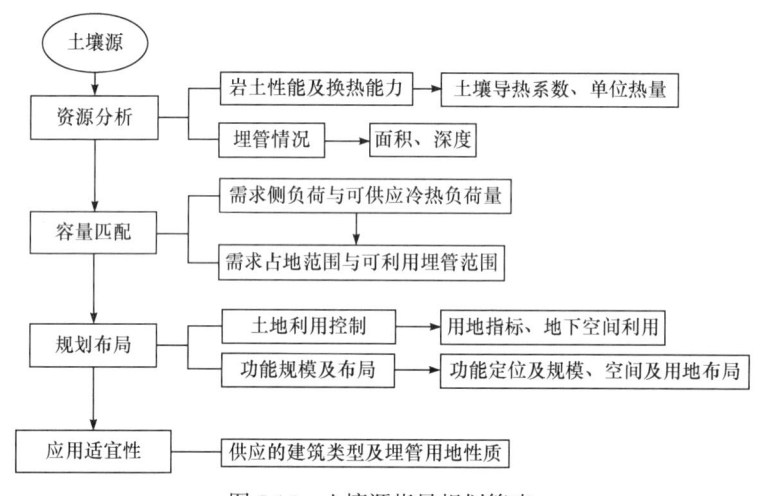

图 5.15 土壤源指导规划策略

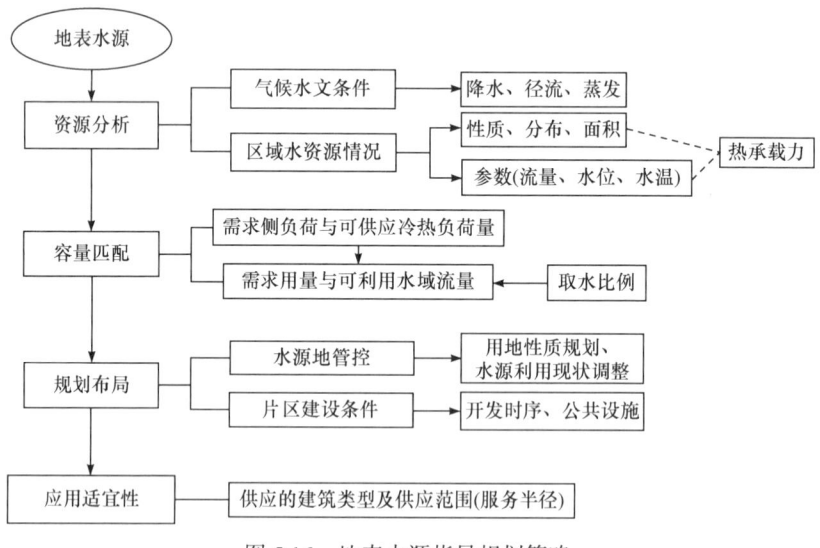

图 5.16 地表水源指导规划策略

2. 污水资源

污水资源在建筑中最重要的应用是污水源热泵技术，由于其来源于城市运行，因此这种资源与城市的整体布局规划密不可分，而城市中涉及的各种动态属性，也悉数反映在其特性上。随着不同的季节、不同功能区的变化，诸如污水流量、污水温度、污水水质等都会有较大的差异，而其对应的需要提供的能源需求量也会随之变化。因此，合理布局、合理匹配是实施污水源热泵技术的关键，这与整个城市的污水管网、污水处理厂等划分相互关联。如图5.17所示，污水源热泵与普通的自然资源不同，其应该更多地与城市基础设施配套进行规划发展，以充分达到变废为宝的目的。

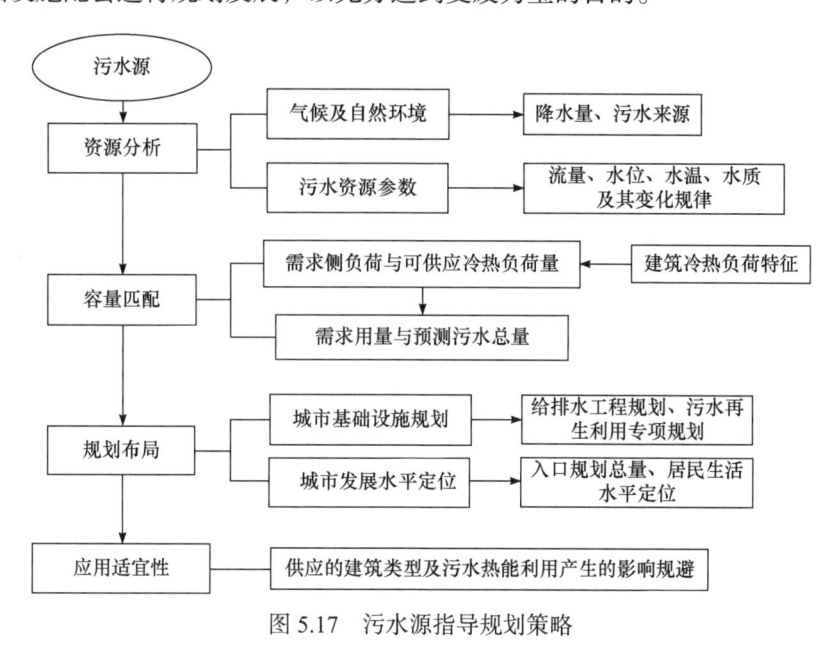

图 5.17 污水源指导规划策略

3. 太阳能利用

太阳能资源最大的特性就是动态，也被现在业界称为不可靠性。虽然从局部看，太阳能资源具有波动大、不可靠性强的特点，但从总体上看，其仍然反映出非常强烈的规律性，而这结合到应用上，规律性更明显。如图5.18和图5.19所示，无论是太阳能光热应用，还是光伏应用，供应量与需求量之间往往呈现出不完全的匹配性。就重庆市光热

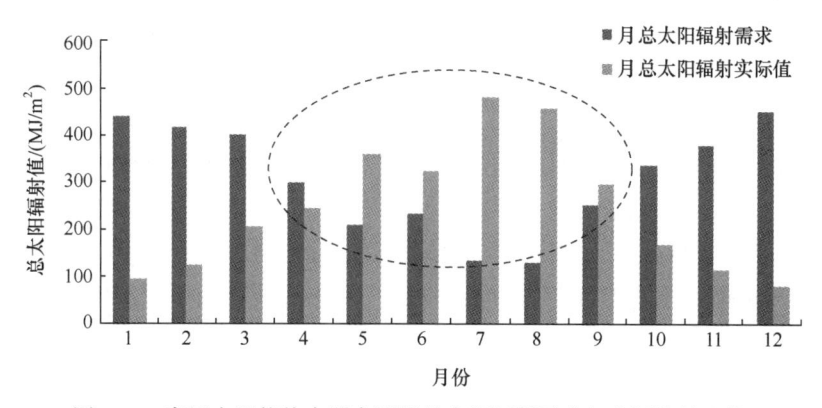

图 5.18 家用太阳能热水器实际月总太阳辐射需求与实际值的比较

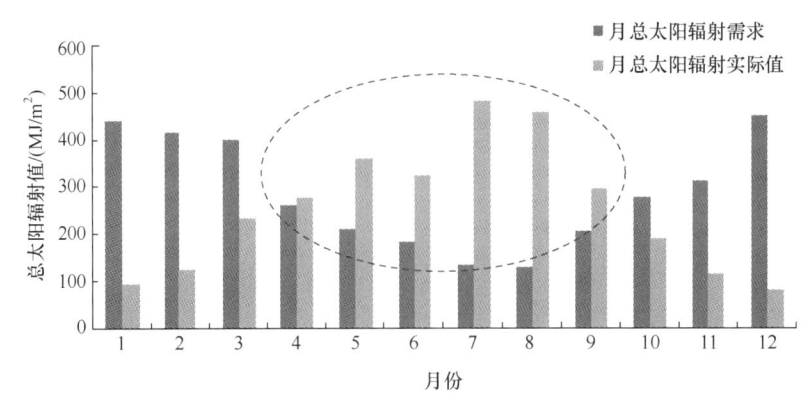

图 5.19 集中式太阳能热水系统实际月总辐射需求与实际值的比较

应用为例,根据实际的测试分析数据可见:5—9 月,太阳能光热是完全可以满足生活热水需求的;10 月到次年 3 月,则需要辅助热源共同满足,而不同的月份辅助能源的需求量也差异显著。在光伏应用上,如图 5.20 所示,夏季虽然发电量高,但系统的效率却最低,并且发电量受到效率降低的影响非常剧烈,由此可见,并不是高温辐射越强越有利于系统运行;同时也表明,光伏的实际发电量与标称的装机容量具有较大的差异,应用时应根据不同的目的,合理选择不同的参数表述。

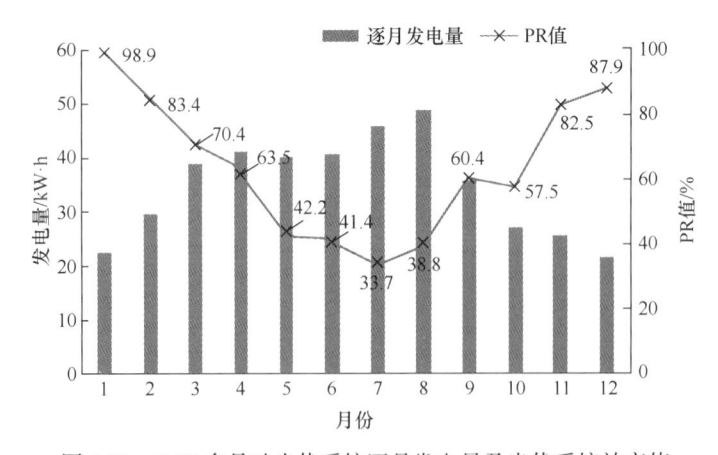

图 5.20 1kW 多晶硅光伏系统逐月发电量及光伏系统效率值

PR(performance ratio)值,全称为光伏系统效率,是一个光伏系统评价质量的关键指标,即电站实际输出功率与理论输出功率的比值,反映整个电站扣除所有损耗后(包括辐照损失、线损、器件损耗、灰尘损耗、热损耗等)实际输入电网电能的一个比例关系

根据上述特性,对于太阳能资源的合理应用,如图 5.21 所示,同样需要结合建筑的功能分布、用能特性,以及建筑的可利用程度,科学合理地确定太阳能的应用,发挥资源的最大潜能。

4. 风力资源

风力资源具体到建筑中,主要就是体现在自然通风层面。根据相关数据统计,山地

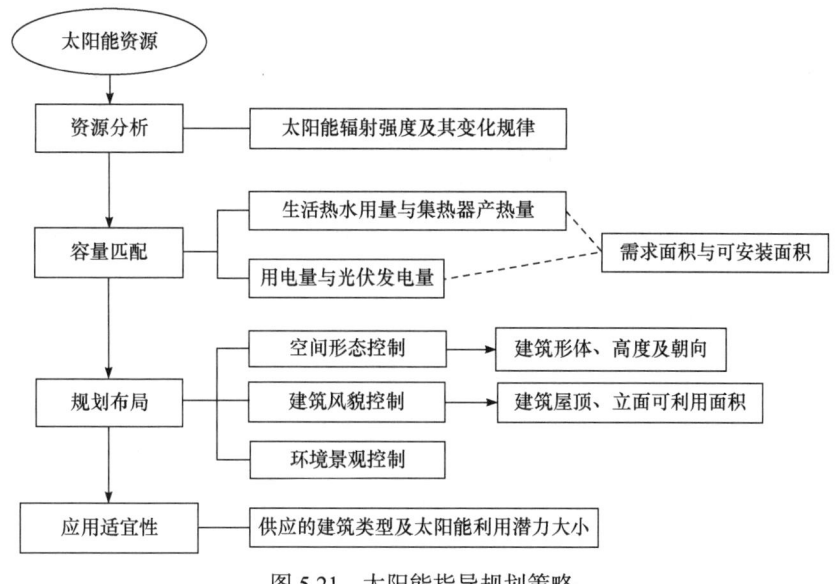

图 5.21 太阳能指导规划策略

城市重庆静风率较大，但其全年自然通风可利用潜能的度时数可以占到 50%左右。但是大家普遍感觉城市风力较弱，这不乏受到前述各种布局的影响。为了充分利用风力资源，促进建筑区域、建筑内部自然通风形成，我们更应该充分结合地形、地貌，利用气流流向，开展不同尺度的通风廊道规划建设。同时在建筑层面也应该结合山地地形，对建筑内部的通风分区、通风路径进行有效构建，充分实现室内自然通风效果。

5.1.4 环境性能的综合打造

人在建筑中往往同时受到室内外环境的综合影响。对于环境的判断，除了室内环境因素本身的影响，室外环境的各种因素也通过围护结构以及设备系统对室内环境产生影响。因此，对声环境、大气环境、采光遮阳、空气品质的控制，均涉及室内外的综合环境。

根据调研，无论公共建筑还是居住建筑中，建筑使用者对于空气质量的关注都排在首位。提升空气质量，需要从源头控制污染物，同时提升通风要求，这可以结合风力资源优化室内风环境，设计良好的通风。

对于环境的关注，隔声降噪排在了第二位，这也体现出当前城市化快速发展的迫切需要。改善室内声环境涉及设备材料的选用，包括围护结构的隔声性能、建筑的气密性，更重要的是对室外的噪声源予以有效把控。这需要在建设时通过合理选址规划，以及建筑设计时进行合理的平面布局，来避免或降低主要功能房间受到室外交通、活动区域等的干扰。

对于光环境的关注主要体现在公共建筑上，与自然采光相比，提升公共建筑照明舒适度的需求更加突出，这也反映出当前光环境营造需要在控制照度和照明功率密度的基本要求上，提升对眩光、照明均匀度、显色指数等指标的控制；同时，还应该更加积极地宣传自然采光的好处，并引导建筑设计扩大自然采光应用。

热环境的关注度同样较高,除了调控空调设备外,就环境层面可以重点关注遮阳的作用。在夏季炎热地区,透过外窗进入室内的太阳辐射热是造成空调能耗高和室内热环境不良的主要因素,而建筑遮阳设施就是改善这一问题的主要措施。不同的遮阳方式有不同的遮阳效果,不同地方应根据需求选择相应的遮阳方式。根据研究表明[1],对于室内获得的太阳辐射强度,如图 5.22 所示,调控效果排序为:百叶遮阳＞南向水平遮阳＞垂直遮阳＞无遮阳,其中南向水平遮阳相比于无遮阳情况下,室内太阳辐射强度可以降低 37.9%;对于室内热环境,如图 5.23 所示,调控效果排序为:百叶遮阳＞南向水平遮阳＞垂直遮阳＞无遮阳,其中南向水平遮阳最热时间段(12:00—16:00)的室内温度比无遮阳降低了 2.3 ℃,玻璃内表面温度明显下降。

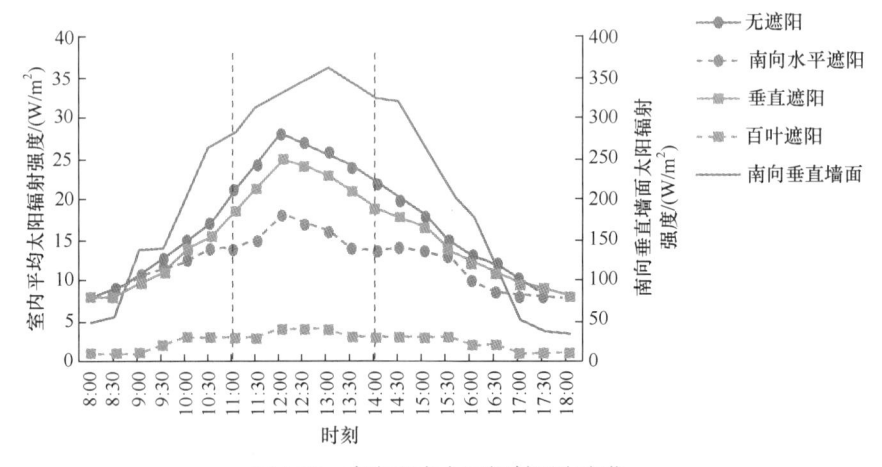

图 5.22　南向室内太阳辐射照度变化

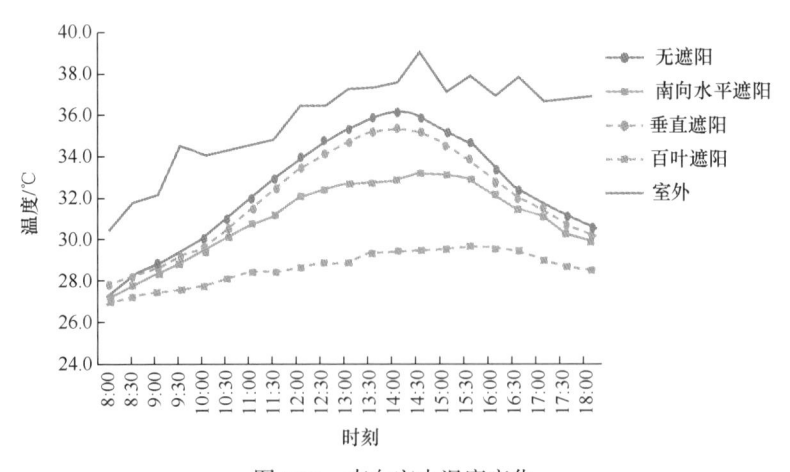

图 5.23　南向室内温度变化

研究表明[1],对比不同的外窗玻璃配合不同遮阳的情况,如图 5.24 所示,对于水平遮阳,双银 Low-E 中空玻璃对室内太阳辐射调控效果最为显著,可以大大降低进入室内的

---

[1] 沈舒伟. 重庆地区外遮阳与外窗玻璃综合效果及设计策略研究. 重庆:重庆大学,2018.

太阳辐射热。对于百叶遮阳，由于本身已经将室外太阳辐射基本遮挡，两种 Low-E 中空玻璃与普通中空玻璃相比，对室内太阳辐射的降低幅度几乎相同。

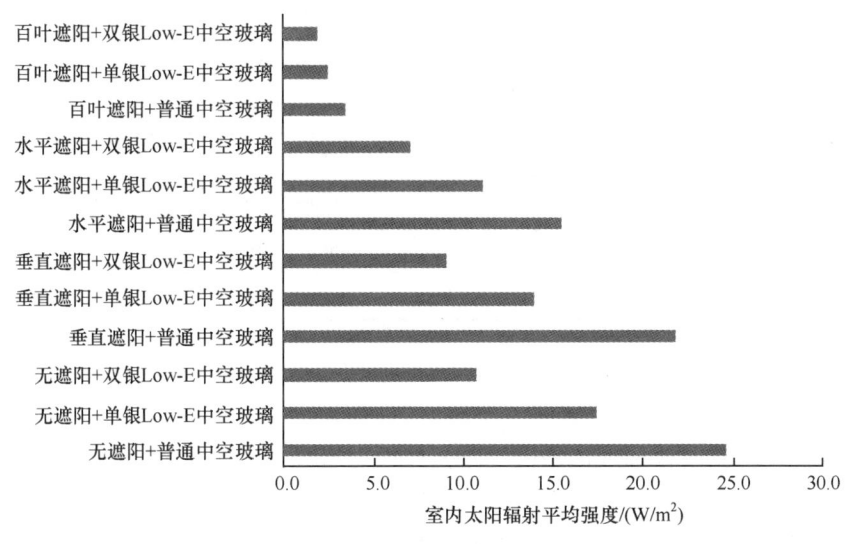

图 5.24 室内太阳辐射强度变化

同时，在图 5.25 中还可以看出，在采光质量方面，水平遮阳对可利用天然光照度比例最高，百叶遮阳任意时刻的室内照度均不满足标准照度要求，需补充人工照明，因此虽然其具有较好的遮阳效果，但同时也严重影响了自然采光效果。结合研究表明，对于重庆地区，不同朝向的水平外遮阳的动态控制，可以参照表 5.1，实现遮阳效果与采光效果的兼顾。

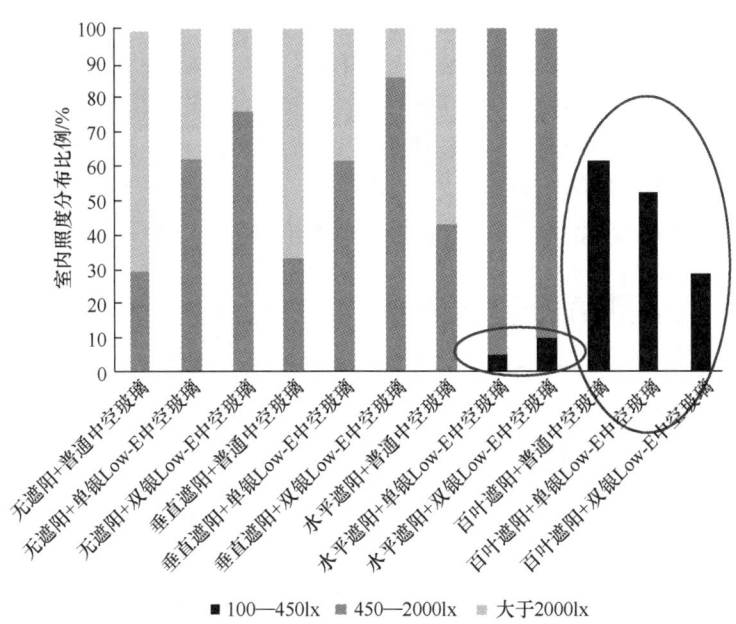

图 5.25 室内照度分布

表 5.1 外遮阳综合调控策略

朝向	调控最佳时段	设计时段和挑出长度	
		时段	适宜挑出长度/m
东南向	7:00—10:00	7:00—10:00	0.6
		10:00—18:00	0.0
南向	10:00—14:00	7:00—10:00、14:00—18:00	0.0
		10:00—14:00	0.3
西南向	14:00—18:00	7:00—14:00	0.0
		14:00—18:00	0.6

5.1.5 设备材料的适宜匹配

建筑的形成包括了各种围护结构、设备系统，围护结构里又涉及绿色建材、装配式技术等的应用。绿色建材需要考虑到生产、运输、使用三个环节，通过三个环节的绿色性能分析，得到它的综合经济效益；而对于装配式技术，则需要结合产业以及建筑功能进行合理化利用。

1. 围护结构的合理匹配

根据研究表明，在重庆地区特色的空调连续运行与间歇运行两种模式下，建筑热过程特性是不同的，目前还没有哪种构造的墙体能够同时满足最佳性能的要求。对于夏季空调能耗敏感性系数[①]排序为：外窗 SHGC 值＞外窗 K 值＞外墙 K 值＞屋面 K 值；对于冬季供暖能耗敏感性系数排序为：外墙 K 值＞外窗 K 值＞外窗 SHGC 值＞屋面 K 值；而反映在全年的能耗敏感性系数排序为：外窗 SHGC 值＞外墙 K 值＞外窗 K 值＞屋面 K 值。因此，我们虽然暂时还找不到一种最优的围护结构性能，但是仍然可以得到就重庆地区而言，控制外窗 SHGC 值、外墙 K 值是首要需求，同时还需要提升外窗 K 值的要求。研究还表明，在重庆围护结构对于夏季空调能耗，性能最优组合可以达到综合节能率约为 4.91%；对于冬季供暖能耗，最优组合综合节能率约为 33.05%；对于全年空调总负荷，最优组合综合节能率约为 8.11%。

由此可见，围护结构性能的合理化选择，对于建筑节能性能的实现有着重要作用，在进行性能确定时，需要根据建筑的功能需求，对所要求的部位、参数等结合目标定位，进行合理化匹配。

2. 建筑节能的潜力挖掘

对于超低能耗建筑的追求，是当前建筑节能的新目标。那么，在现行技术下，建筑

---

① SHGC(solar heat gain coefficient)值，即太阳能得热系数（又称太阳能总透射比、得热因子），是指在相同条件下，太阳辐射能量透过玻璃进入室内的量与通过相同尺寸但无玻璃的开口进入室内的太阳能热量的比率。K 值，即传热系数(heat transfer coefficient)，是指在稳定传热条件下，围护结构两侧空气温差为 1K(或℃)，1s 内通过 1m² 面积传递的热量。

到底可以实现什么程度的节能?

本章对基于当前节能标准的基准模型和三种相关节能技术组合下的典型情景进行了分析,得到基准建筑全年能耗值为 58.3 (kW·h)/m², 三种情景下建筑能耗分别为 42.4 (kW·h)/m²、41.8 (kW·h)/m²、38.4 (kW·h)/m², 相对基准建筑节能率分别达到 27.32%、28.39%、34.11%, 如图 5.26 所示。这表明了在当前公共建筑节能标准的基础上,通过相关技术应用,还可以进一步达到节能效果。同时也发现,要实现建筑从普通建筑跨越到节能建筑,采用照明节能措施是非常有必要的;而要实现建筑超低能耗,则应该更重视空调系统节能措施,不同的空调系统节能措施组合方式,能造成建筑能耗较大的差异。

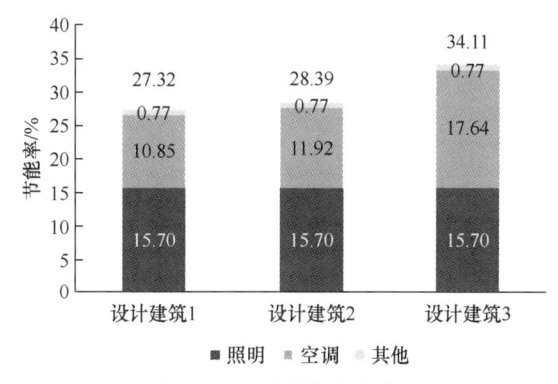

图 5.26 三种情境的节能率

三种情景的技术选配:低配,电梯节能控制措施、照明节能控制措施、降低照明功率密度值、节能型电气设备、部分负荷节能;中配,电梯节能控制措施、照明节能控制措施、降低照明功率密度值、节能型电气设备、部分负荷节能、提升冷热源机组能效、外立面围护结构可开启面积优化;高配,电梯节能控制措施、照明节能控制措施、降低照明功率密度值、节能型电气设备、部分负荷节能、提升冷热源机组能效、暖通空调系统能耗降低、排风能量回收。

3. 备性能的适宜选择

以空气源热泵为例,图 5.27 为重庆地区空气源热泵按照冬季工况选型和夏季工况选型的运行状态图[①],按夏季工况在冬季可满足室外温度 5.7℃时的制热要求,而按冬季工况可满足室外温度低于 3℃的制热要求,此时可以满足对应标准里 4.1℃的室外设计温度。由此可见,基于不同的需求,对于热泵机组的选型应充分考虑其应用场景。而图 5.28 为重庆地区某风冷热泵机组的实际运行状态以及可以达到的性能分析,图 5.29 中还反映了热泵在冬季的结霜分布。通过这些数据可以明确风冷热泵在重庆地区应用的实际状态。图 5.30 是不同供暖模式下的负荷分布,连续供暖和间歇供暖的负荷分布差异很大,因此选用的控制策略和系统组合也应有所不同,由此可见高效的系统应用应与负荷分布对应匹配。

---

① 谢源源. 重庆地区空气源热泵冬季供暖应用性能研究. 重庆:重庆大学, 2018.

(a) 冬季工况

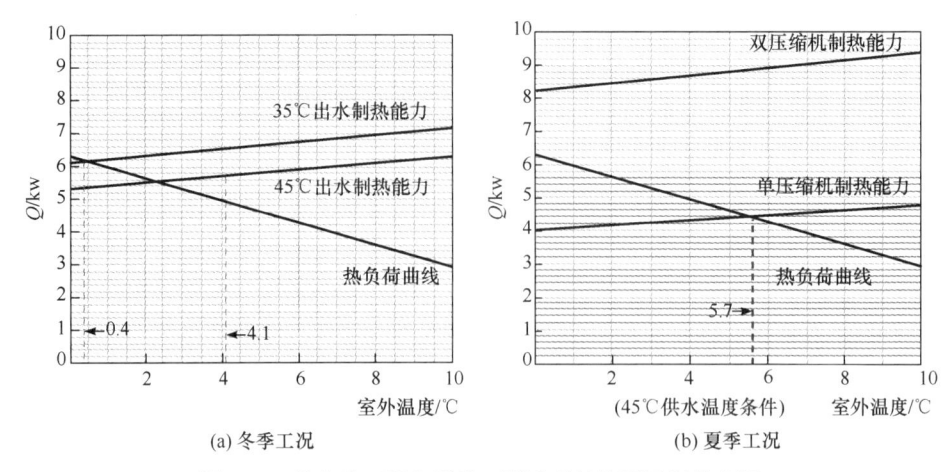

(b) 夏季工况

图 5.27 按冬季工况和夏季工况选型的热泵运行状态图

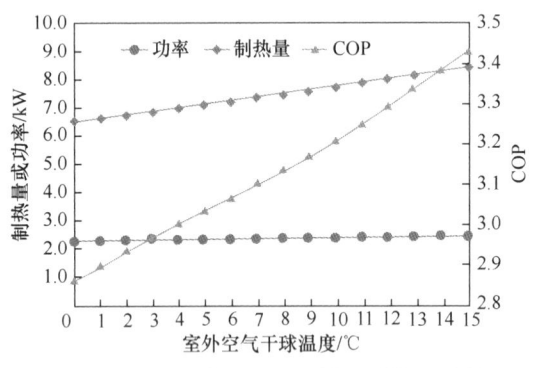

➢ 室外气温由15℃降低至0℃，单位温度制热量降低0.13kW，功率变化较小，COP从3.43降至2.86；
➢ 相比于45℃供水温度，35℃供水温度下机组的COP提升20.0%，而50℃供水温度的COP降低9.0%

图 5.28 空气源热泵运行特征图

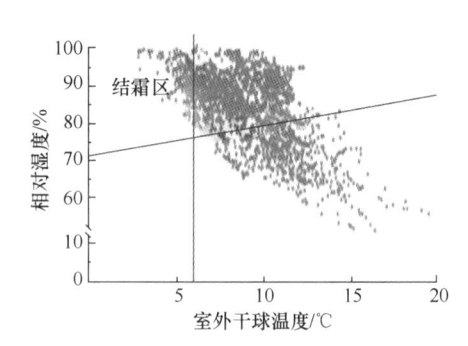

图 5.29 空气源热泵结霜图

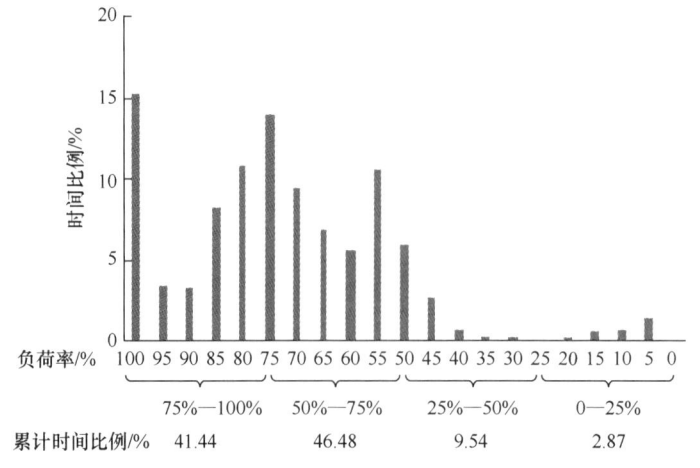

负荷率/%	75%—100%	50%—75%	25%—50%	0—25%
累计时间比例/%	41.44	46.48	9.54	2.87

➢ 间歇供暖：冬季超过87%的时间机组负荷率都大于50%，宜采用变容量调节，其中变频机组可以超频运行，满足供暖启动阶段的较大的供热量需求

(a) 间歇供暖

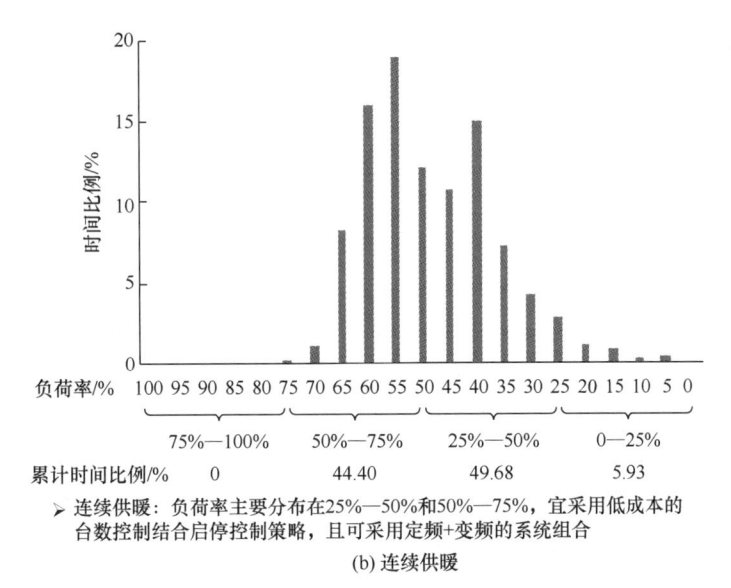

第5章 因地制宜的高质量建筑发展体系构建

负荷率/%	75%—100%	50%—75%	25%—50%	0—25%
累计时间比例/%	0	44.40	49.68	5.93

➤ 连续供暖：负荷率主要分布在25%—50%和50%—75%，宜采用低成本的台数控制结合启停控制策略，且可采用定频+变频的系统组合

(b) 连续供暖

图 5.30　不同供暖模式下的负荷分布对应

5.1.6　运营管理的深度切合

所有建筑最终呈现的状态，运行管理在其中的作用毋庸置疑。这其中，我们首先需要获取状态，然后通过数据的比对，最终实现相应的运行维护。一方面，在建筑设计中就需要考虑到运行管理的需求，在各个系统中设置好相应的可调控对象；另一方面，想要实现状态达标，则还需要实现从数据获取到状态特性比对，再到合理调控的深度切合，才能最终实现前述的各种性能。

1. 监测点位合理选择

在所有的运维控制系统中，调控的根本依据在于对当前状态的把控，然而，室内监测点的数据，是否真正代表了状态？其实是不一定的，以通常的环境监测为例，监测点位的不同，将导致测量结果存在一定的偏差。如图 5.31 所示，水平方向上不同位置的监测结果，温度差异在 0.1—0.5℃，相对湿度差异在 0.6%—1.1%；竖直方向上，温度差异

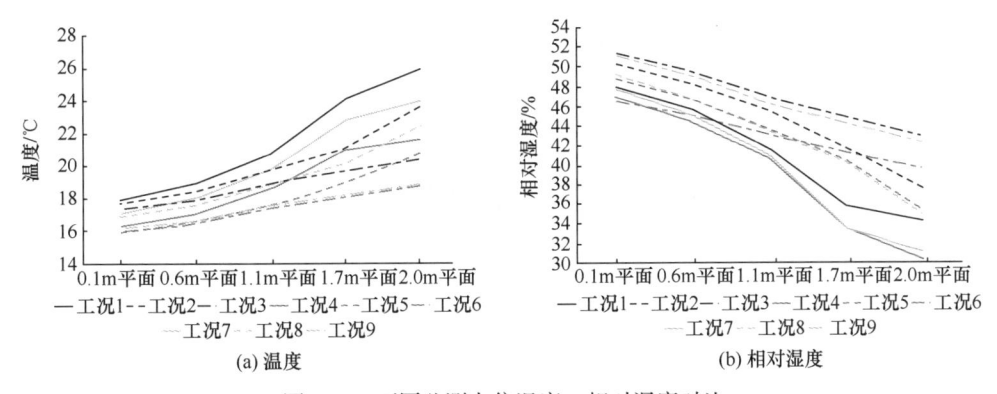

(a) 温度　　　　　　　　　　　(b) 相对湿度

图 5.31　不同监测点位温度、相对湿度对比

在 0.5—2.5℃，相对湿度差异在 1.7%—5%；竖直方向上，送风风速对测点影响较大，高风速下各测点温度差异在 1.5—2.5℃，相对湿度差异在 4%—5%[①]。由此可见，合理的监测位置，对真正反映所需要的状态至关重要。

2. 动态调控性能的提升

当获取了状态数据后，想要对环境进行控制，这就涉及对应的调节控制装置能否起到作用，其中涉及的算法调控逻辑尤为关键。对于环境、能源而言，要准确控制，同时实现能效提升，需要充分考虑环境、能源的动态特性。正如前述的负荷动态特性、综合环境状态一样，由于不同的外界环境变动，为了实现最佳的高效性能，对应系统的调控一定要符合动态特性。例如，图 5.32 中的智能控制体系，根据室内环境状态的实时反馈，在综合考虑冷热负荷波动状态下，实现水流量、送风量的动态调节，从而满足高效空调状态下的送回水温差，以及合理控制室内温度、风速的需求。

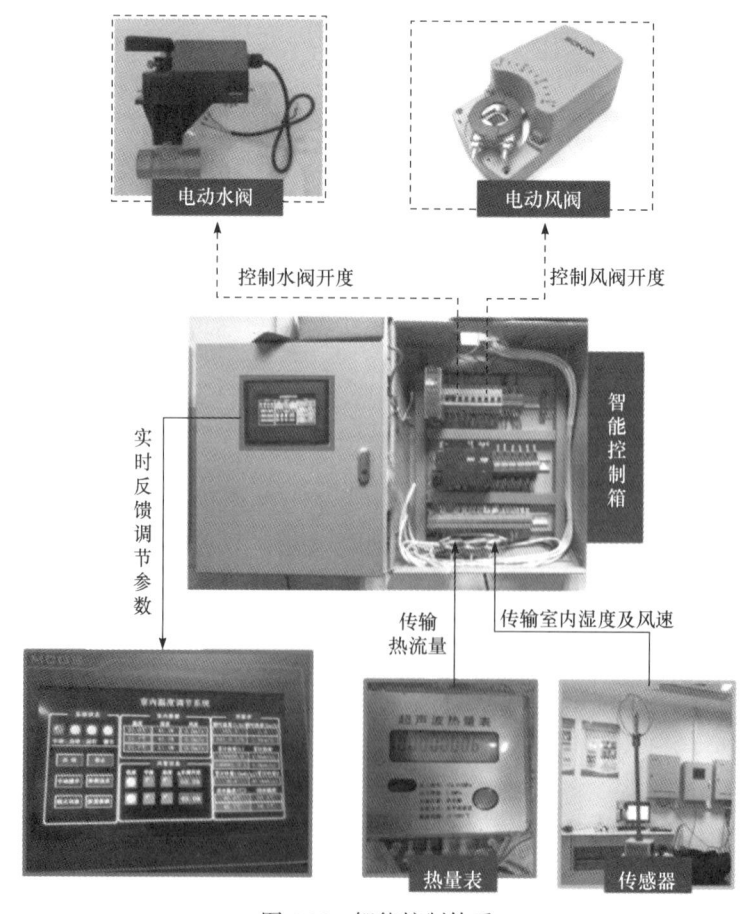

图 5.32 智能控制体系

[①] 刘一凡. 空调供暖状态下室内热环境监测点特性研究. 重庆：重庆大学，2021.

5.1.7 总结

对于建筑高质量发展，我们从追求节能、高效到现在"双碳"背景下的低碳，始终都围绕着一个很重要的目标，即满足室内的舒适性。高质量建筑应当是在满足舒适性的前提下，绿色、低碳的发展。因此需要结合地理条件、资源条件、气候条件去分析我们的需求，再从我们的技术、装备、运行管理层面合理化地实现这些需求，让建筑可以在"双碳"目标下可持续发展，为人类提供更美好的生活环境。

作者：重庆大学　重庆市绿色建筑与建筑产业化协会绿色建筑专业委员会　丁勇、余雪琴

5.2　超低能耗建筑发展策略分析

5.2.1　超低能耗建筑的发展需求

2022年3月，住房和城乡建设部发布的《"十四五"建筑节能与绿色建筑发展规划》提出，到2025年，建设超低能耗、近零能耗建筑0.5亿m^2以上。2022年4月，《中共重庆市委　重庆市人民政府关于完整准确全面贯彻新发展理念做好碳达峰碳中和工作的实施意见》提出，到2025年，建设超低能耗建筑、近零能耗建筑、低碳(零碳)建筑示范项目30万m^2。

为深入推动超低能耗建筑的建设推广，基于重庆市已开展的能耗监测、节能改造和绿色建筑工作所得到的实际数据，本节研究建立了适应重庆地区建筑特征的超低能耗建筑目标值、技术体系和实施路径。基于此，结合《近零能耗建筑技术标准》(GB/T 51350—2019)、《被动式超低能耗绿色建筑技术导则(试行)(居住建筑)》及国内相关标准体系，构建了一套可包含目标值确定、节能技术体系和实施路径构建的超低能耗建筑实施策略的通用流程，这对于各地明确超低能耗建筑实施效果、把握切实可行的技术路径、实现政策的可落地性具有现实意义。

5.2.2　超低能耗建筑的界定

《近零能耗建筑技术标准》(GB/T 51350—2019)中对我国的超低能耗建筑进行了定义，超低能耗建筑是近零能耗建筑的初级表现形式，其室内环境参数与近零能耗建筑相同，能效指标略低于近零能耗建筑，其建筑能耗水平应较国家标准《公共建筑节能设计标准》(GB 50189—2015)和行业标准《严寒和寒冷地区居住建筑节能设计标准》(JGJ 26—2010)、《夏热冬冷地区居住建筑节能设计标准》(JGJ 134—2010)、《夏热冬暖地区居住建筑节能设计标准》(JGJ 75—2012)降低50%以上。

在标准中对超低能耗建筑能源消耗量的评价主要包括节能率定义和建筑能耗限定定义两种方式。其中超低能耗建筑的节能率指标和气密性指标应符合表5.2的规定，标准采用

设计与评价工具计算出各气候区典型城市的近零能耗公共建筑能耗限定值应符合表 5.3 的规定。

表5.2 超低能耗公共建筑能效指标

建筑本体性能指标	建筑综合节能率	≥50%				
	建筑本体节能率	严寒地区	寒冷地区	夏热冬冷地区	夏热冬暖地区	温和地区
		≥25%		≥20%		
	建筑气密性(换气次数 N_{50})	≤1.0		—		

注：建筑本体节能率的定义为设计建筑不包括可再生能源发电量的建筑能耗综合值与基准建筑能耗综合值的差值，与基准建筑能耗综合值的比值。N_{50} 即在室外 50Pa 压差条件下每小时的换气次数，可表征建筑的气密性。

表5.3 近零能耗公共建筑的建筑能耗综合值　　　[单位：$kW \cdot h/(m^2 \cdot a)$]

城市	小型办公建筑	大型办公建筑	小型酒店建筑	大型酒店建筑	商场建筑	医院建筑	学校建筑-教学楼	学校建筑-图书馆
哈尔滨	64	75	69	84	113	119	64	65
沈阳	58	70	66	80	113	114	63	61
北京	59	73	71	85	127	123	74	65
驻马店	57	76	75	90	139	28	82	70
上海	57	79	78	96	148	135	87	74
武汉	55	75	77	90	148	131	81	71
成都	55	75	76	87	149	135	86	73
韶关	60	84	86	104	172	148	98	81
广州	65	92	95	119	197	173	112	94

关于超低能耗建筑实施路径的指导，《近零能耗建筑技术标准》(GB/T 51350—2019)提出了在适宜的气候特征和场地条件下，通过被动式建筑设计最大幅度地降低建筑供暖、空调、照明需求，通过主动技术措施最大幅度地提高能源设备与系统效率，充分利用可再生能源，以最少的能源消耗提供舒适室内环境的超低能耗建筑的实现路径。同时，在国家最新标准《建筑节能与可再生能源利用通用规范》(GB 55015—2021)中提出，夏热冬冷地区新建建筑应在原有 65% 节能标准的基础上，设计能耗再降低 30%，整体节能率实现 72% 以上，并要求新建建筑应安装太阳能系统，充分利用可再生能源，以便于进一步实现节能 82.5%，即实现在目前用能水平下达到超低能耗建筑要求。

以上可以看出，标准给出的是一个通用性的要求，各地在落实超低能耗建筑的实施时，目前尚没有一条清晰确定的技术路径，往往容易造成为了实施而实施、盲目堆砌技术的现象；而政府层面也无法对其合理实施的路径进行构建，因而造成了难以支撑政策落地的现状。

为指导实际应用中针对性地制定适用的超低能耗建筑的实施路径，本节提出应基于实际的应用数据，研究不同情况下超低能耗建筑目标值的设定和实施路径的构建思路。

5.2.3 超低能耗建筑目标值的合理确定

1. 建筑能耗的差异性分析

重庆市于 2016 年正式执行《公共建筑节能(绿色建筑)设计标准》(DBJ50-052—2016)[①]，本节将 2016 年后的新建建筑统称为常规建筑，将通过绿色建筑评审并获得星级认证的建筑称为绿色建筑。基于重庆市公共建筑能耗监测平台搭建工作和绿色建筑评审工作，本节获取了相对正确且完整的 60 栋常规建筑在 2017 年全年的逐时电耗数据，同时收集了 11 栋绿色办公建筑的基本信息和 2017 年的能耗数据，对常规建筑与绿色建筑的单位面积能耗进行了整理分析，如图 5.33 所示，其中常规建筑的单位面积年能耗均值为 58.06 kW·h，绿色建筑的单位面积年能耗均值为 43.90 kW·h。

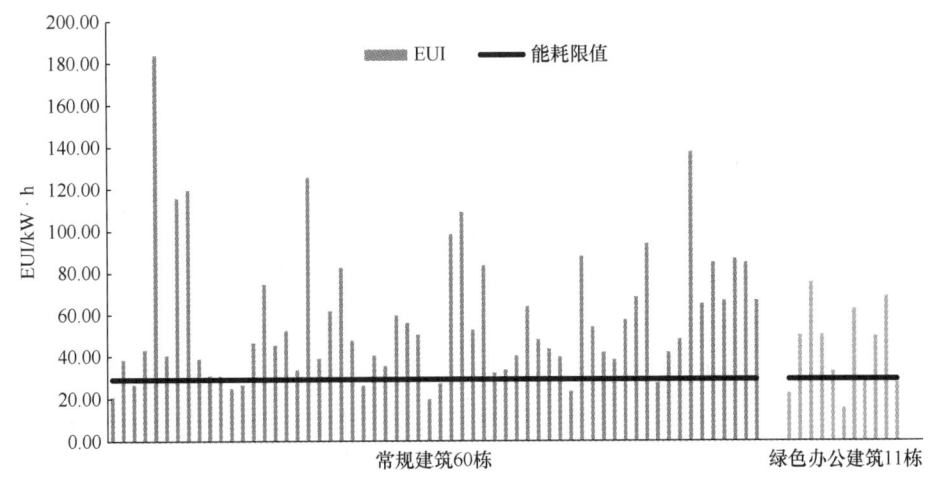

图 5.33 建筑单位面积年能耗均值

进一步分析两类建筑分项用能情况如图 5.34 所示，其中绿色建筑的照明插座系统用电量较常规建筑降低 9.62 kW·h/(m²·a)；从占比上看，常规建筑的照明插座系统用电占比为 44.33%，绿色建筑的照明插座系统用电占比较常规建筑降低 6.46%。对于空调系统用电而言，绿色建筑的空调系统用电量比常规建筑增加了 0.58 kW·h/(m²·a)，但由于绿色建筑总用电较低，空调系统的用电占比达 39.35%，超过常规建筑的 30.91%，说明绿色建筑较常规建筑节能的主要原因在于非空调系统用电节能。两类建筑的照明插座系统和空调系统的总用电占比之和都达到 75% 左右，说明空调系统和照明插座系统是建筑节能降耗的绝对重点。对于常规建筑主要可以采用降低照明插座系统能耗实现建筑能效提升，而对于能源效率更高的绿色建筑，节能重点则应该在空调系统。

2. 建筑能耗对标

将调研建筑的单位面积能耗值与我国标准、规范中不同的能耗限值、夏热冬冷地区

[①] 现行标准为 2020 年版，即 DBJ50-052—2020。

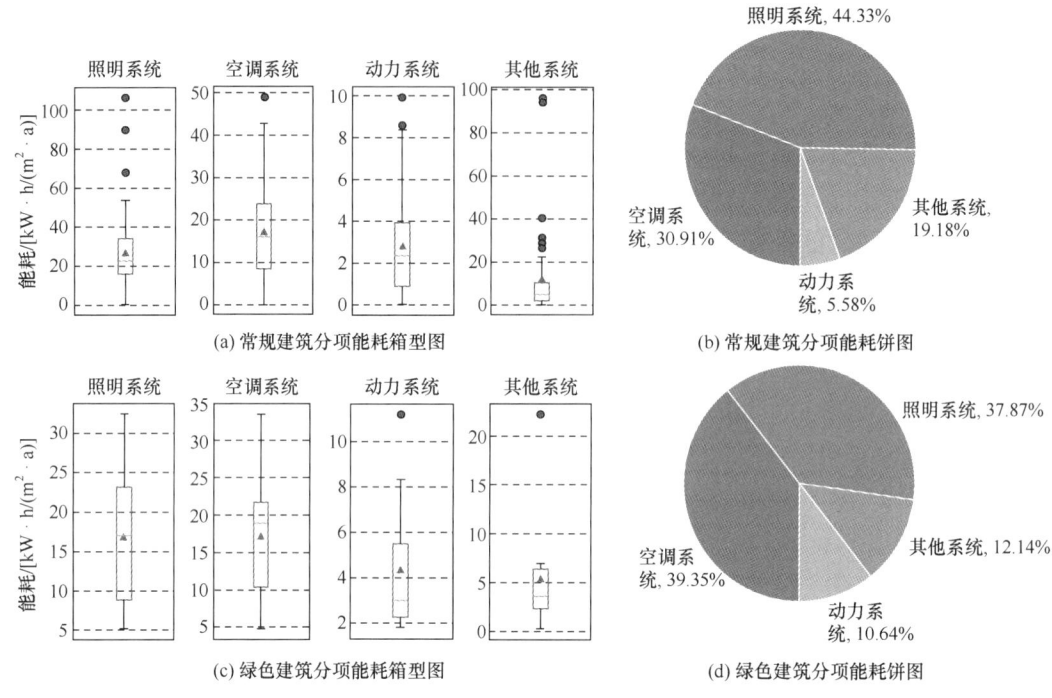

图 5.34 常规建筑和绿色建筑分项用能箱型图及比例图

典型城市的近零能耗公共建筑能耗限值以及统计报告中大多数公共建筑的单位面积能耗均值进行对比,见表 5.4。常规建筑的单位面积能耗均值与《建筑节能与可再生能源利用通用规范》(GB 55015—2021)中对夏热冬冷地区新建建筑单位面积能耗限值 53 kW·h/(m²·a)接近,低于《中国建筑节能年度发展研究报告 2022(公共建筑专题)》中既有公共建筑的平均能耗 70 kW·h/(m²·a),无论是常规建筑还是具有一定先进性的绿色建筑,其能耗均值均低于《民用建筑能耗标准》(GB/T 51161—2016)中的能耗约束值 65 kW·h/(m²·a)。

表 5.4 各类公共建筑的建筑能耗综合值 [单位:kW·h/(m²·a)]

建筑类型	标准	规范	统计报告	定额引导值	本节
近零能耗建筑	29				
超低能耗建筑	36.75				
新建建筑		53			
常规建筑			70	65	58.06
绿色建筑					43.90

注:标准参考来源为《近零能耗建筑技术标准》(GB/T 51350—2019);规范参考来源为《建筑节能与可再生能源利用通用规范》(GB 55015—2021);统计报告参考来源为《中国建筑节能年度发展研究报告 2022(公共建筑专题)》;定额引导值参考来源为《民用建筑能耗标准》(GB/T 51161—2016)。

这一对比说明,对于超低能耗建筑标准的目标值,鉴于各地的用能需求和习惯,就算是在同一气候区,也存在较大的偏差,为了确保实施的节能效果,应根据各地不同的用能状态进行进一步的确定。例如，在重庆绿色建筑和常规建筑均低于《民用建筑能耗标准》(GB/T 51161—2016)中的定额约束值 65 kW·h/(m²·a)，其中常规建筑和绿色建筑分别比统计单位面积能耗均值降低 30.88%和 47.74%，绿色建筑相比常规建筑节能 24.39%，这说明绿色建筑较常规建筑能效已有大幅度的提升。

以重庆市公共建筑实际能耗数据为例，对前述超低能耗建筑目标值的两个判断依据，即能耗限定值和节能率定义法进行对比。当以能耗限定值为判断依据时，《近零能耗建筑技术标准》(GB/T 51350—2019)中设定近零能耗等效耗电量为 29 kW·h/(m²·a)，依据定义则超低能耗建筑等效耗电量为 36.75 kW·h/(m²·a)，分别相当于在常规建筑平均能耗水平的基础上减少了 50%和 36.70%的能耗。以定义的节能率作为判断依据，该地区近零能耗和超低能耗等效耗电量应分别在常规建筑能耗均值基础上降低 60%和 50%，则对应能耗水平则为 23.23 kW·h/(m²·a)和 29.04 kW·h/(m²·a)。对比两个结果可见，在绝对能耗值较低的情况下，如果仍然按照要求的节能率推进，则可能出现期望达到的能耗值低于标准设定的能耗水平的情况，这将造成实施难度进一步增大的问题。

可见采用两种判断依据对于建筑节能水平的要求将会造成一定的差异，其中在以节能率定义法作为判断标准及能耗水平较低的情况下，超低能耗目标值和节能水平要求相对更高，实施难度较大，但更有利于针对性地提升建筑能效。而此时采用能耗限定定义的目标值将会更贴近实际，超低能耗限值和节能水平的要求相对较低，实施相对宽松和灵活，这在建筑节能工作发展初期更利于推动工作的开展。但如果当地的能耗水平较高，则会出现相反的情况。

因此，超低能耗目标值的设定，应基于不同的气候区、不同的能耗基数和建筑类型，依据当地建筑节能工作的发展阶段和管理需求分别选择超低能耗目标值的设定方法。例如，重庆地区公共建筑单位面积能耗均值远低于全国平均水平，满足定额标准约束值要求，建筑能效已处于较节能水平，在此基础上再降低 50%节能率的难度较大，因此选择能耗限定法确定其超低能耗目标值为 36.75 kW·h/(m²·a)，相当于 75.63%的节能水平，这样更符合实际情况，能真正推动建筑能效提升。

5.2.4 超低能耗实施路径的合理构建

1. 节能技术的应用分析

当前对于超低能耗建筑的效果判定，大多基于模拟分析，这往往导致实际实施时缺乏可操作性，或者出现效果不确定的问题。而基于实际工作实施得到相关的实际统计数据，可以很好地规避上述问题，这些工作包括绿色建筑推广应用、建筑节能改造和其他技术分析三部分。以重庆为例，对建筑能效提升实际实施的节能技术及其效果进行统计分析。本节罗列调研的 6 栋绿色建筑(A—F)的节能技术应用见表 5.5，绿色建筑技术应用最多的依次为提升气密性等级、使用节能设备与系统、使用高效率设备与系统、更有利的总平面设计、部分冷热负荷节能、提升外窗可开启面积、新风预热(预冷)、照明功率密度值执行目标值规定、空调采用环保工质、充分利用可再生能源，多为非空调系统节能技术的应用，这与绿色建筑和常规建筑分项能耗分布规律一致，可以认为这些技术的使用提高了绿色建筑的能效性能，是重庆地区绿色建筑技术的主要范围。

表 5.5 绿色建筑技术应用表

技术简述	A	B	C	D	E	F
总平面设计有利于冬季日照与夏季通风	☑	☑	☑	☑	☑	☑
外窗可开启面积≥外窗总面积30%，幕墙可开启或设有通风换气装置	☑	☒	☑	☒	☑	☑
外窗的气密性不低于现行国家标准6级。1—6层幕墙气密性不低于现行国家标准2级；7层及以上的幕墙气密性等级不低于3级	☑	☑	☑	☑	☑	☑
合理采用蓄冷蓄热技术	☒	☒	☒	☒	☒	☒
利用排风对新风进行预热(或预冷)处理	☒	☒	☒	☒	☒	☒
采取全新风运行或可调新风比的措施	☒	☒	☒	☒	☒	☒
部分冷热负荷节能措施	☑	☑	☑	☑	☑	☑
采用节能设备与系统	☑	☑	☑	☑	☑	☑
空调设备采用环保工质	☑	☑	☑	☑	☑	☒
墙体自保温技术	☑	☑	☑	☒	☒	☑
建筑设计总能耗低于国家节能标准规定值的80%	☒	☒	☒	☒	☒	☒
充分利用太阳能、地热能等可再生能源	☒	☒	☒	☒	☒	☒
选用效率高于现行标准规定值一个等级的用能设备和系统	☑	☑	☑	☑	☑	☑
照明功率密度值不高于现行国家标准的目标值	☑	☒	☑	☑	☑	☑

注：√表示采用该技术，×表示未采用该技术。

依据重庆市"公共建筑节能改造重点城市示范项目"相关统计，共计180个项目，合计785.3万 m² 的节能改造项目的平均节能率达到20%以上。挑选其中43栋依据《重庆市公共建筑节能改造节能量核定办法》进行了改造前后的数据收集和设备能效测试，核定节能率并通过了验收的节能改造示范项目，统计项目中节能改造技术的应用率和节能效果如图5.35所示，筛选对于常规建筑具有节能空间的技术类别。在节能改造技术中，

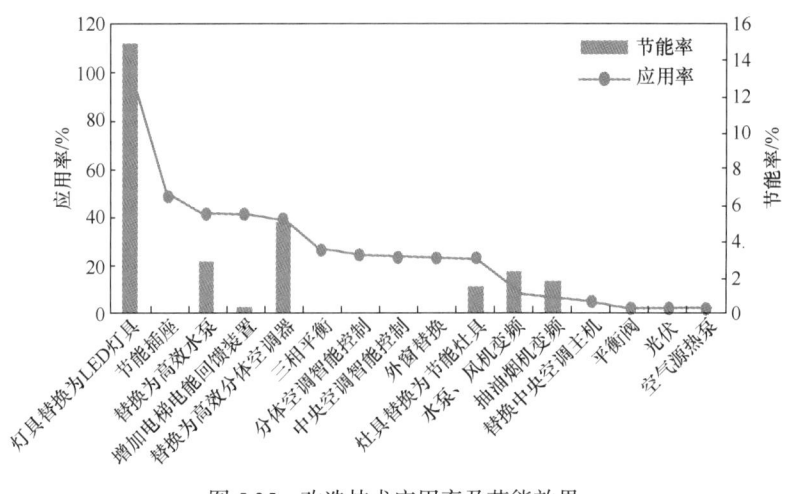

图 5.35 改造技术应用率及节能效果

应用最多的技术是灯具替换为 LED 灯具(项目实施率达 100%)。

对于某些难以通过实际数据量化其节能效果的技术，如照明智能控制技术，采用辅助模拟手段量化其节能效果如图 5.36 所示。通过技术分析，在照明功率密度为现行值时，有照明智能控制的比没有照明智能控制的照明系统节能 43.3%，总节能率 14.6%；在照明功率密度为目标值时，采用照明智能控制的比不采用照明智能控制的照明系统节能 42.0%，总节能率 13.3%，而当照明功率密度由现行值提升为目标值时，节能率为 11.17%，与节能改造技术应用中，降低照明功率密度值的节能效果 14.99%相近。

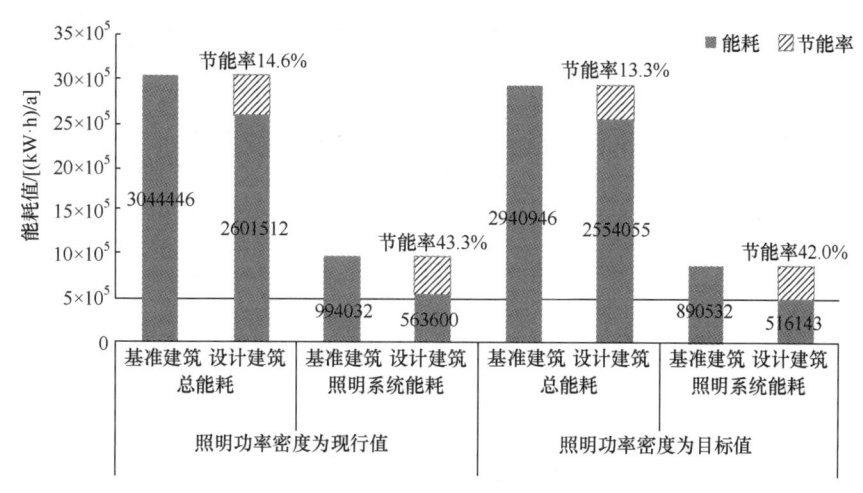

图 5.36 照明智能控制节能效果

2. 典型用能模式的构建

建筑能耗是受多种因素共同影响并在技术综合应用后的效果，不能简单地用单项节能率的叠加效果来判断，因此，本节采用实际建筑和技术水平应用现状建立典型模型，判断节能技术综合应用效果，探索基于技术实践应用下重庆地区执行现有标准的建筑的最大节能潜力。

研究参考最新标准规范中增加的强制性应用节能技术,结合绿色建筑与常规建筑节能技术应用差异、电梯节能控制措施、照明节能控制措施、降低照明功率密度值、节能型电气设备、部分负荷节能 5 项技术为设计建筑 1 所采用的技术；设计建筑 2 在设计建筑 1 的基础上增加了提升冷热源机组能效和外立面围护结构可开启面积优化；为验证空调系统的节能潜力，设计建筑 3 在设计建筑 2 应用的节能技术的基础上删除了外立面围护结构可开启面积优化，增加了暖通空调系统能耗降低(包括水泵变频、水泵效率提升和风机变频)及排风能量回收。最终形成表 5.6 中所示的 1 种基准场景和 3 种典型场景的技术组合，3 种典型节能模式分别代表了绿色建筑、空调系统更节能的绿色建筑和符合最新节能标准的技术水平。

表 5.6 典型节能场景的确定

建立模型	节能技术
基准建筑	满足《公共建筑节能设计标准》
设计建筑1	电梯节能控制措施、照明节能控制措施、降低照明功率密度值、节能型电气设备、部分负荷节能
设计建筑2	电梯节能控制措施、照明节能控制措施、降低照明功率密度值、节能型电气设备、部分负荷节能、提升冷热源机组能效、外立面围护结构可开启面积优化
设计建筑3	电梯节能控制措施、照明节能控制措施、降低照明功率密度值、节能型电气设备、部分负荷节能、提升冷热源机组能效、暖通空调系统能耗降低、排风能量回收

以满足《公共建筑节能设计标准》的典型办公建筑为原型，选择 DesignBuilder 依据建筑实际数据建立几何模型，根据表 5.6 中各设计建筑的技术组成，在基准建筑模型的基础上修改技术参数，模拟基准建筑及 3 种典型用能模式建筑的全年能耗值、分项节能量及节能率如图 5.37 所示。

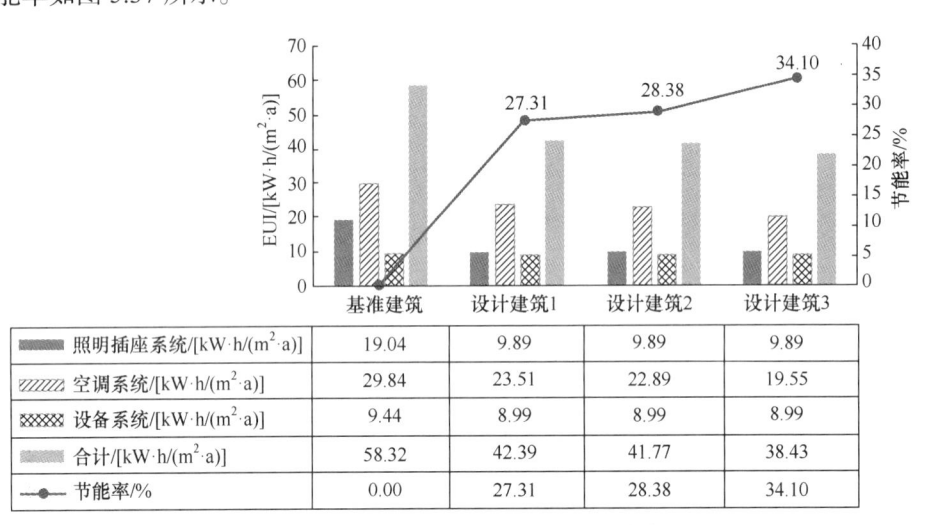

	基准建筑	设计建筑1	设计建筑2	设计建筑3
照明插座系统/[kW·h/(m²·a)]	19.04	9.89	9.89	9.89
空调系统/[kW·h/(m²·a)]	29.84	23.51	22.89	19.55
设备系统/[kW·h/(m²·a)]	9.44	8.99	8.99	8.99
合计/[kW·h/(m²·a)]	58.32	42.39	41.77	38.43
节能率/%	0.00	27.31	28.38	34.10

图 5.37 各用能模式能耗均值及分项能耗

根据计算结果，参考建筑单位面积年能耗为 58.32 kW·h，与常规建筑的相近，设计建筑 1 的单位面积年能耗为 42.39 kW·h，与绿色建筑的接近，验证了绿色建筑技术的应用对建筑能源效率的提高效果。随着节能技术应用的增加，设计建筑的单位面积年能耗进一步呈现递减趋势，最低可达到 38.43 kW·h。相对基准建筑，设计建筑 1 全年节能率达到 27.31%，设计建筑 2 的节能率略高于设计建筑 1，达到 28.38%，其中照明系统节能贡献率最高。而设计建筑 3 的节能率提升幅度较大，达到 34.10%，其空调系统贡献的节能率最高。

各模式中均是空调系统能耗值占比最大，其次是照明能耗，但各模式中分项能耗的占比也有区别。从基准建筑到采用了 5 项节能技术的设计建筑 1，空调、设备能耗占比增高，照明能耗占比降低。这表示通过采用照明节能措施，可实现从常规建筑能耗水平到绿色建筑节能水平的跨越，这通过节能改造中照明改造技术实施率 100%，节能率最高也能体现。从实施 5 项节能措施到实施 8 项节能措施,空调能耗占比降低,照明、设备能耗占比增高,说明在绿色建筑的基础上想进一步大幅度降低建筑能耗,应该通过不同的空调系统节能技术的组合实现空调系统的节能,这与前述能耗差异分析的结论一致。

从单项节能率来看,对于照明系统来说,各设计建筑相对基准建筑通过降低灯具功率密度以及采用照明控制措施,实现了照明系统单项能耗降低 9.15 kW·h/(m²·a),实现节能率 15.7%,与前文执行目标值照明系统通过增加照明控制措施可实现 13.3%的节能率一致。对于空调系统,设计建筑 1 相比基准建筑采用了节能型电气设备和部分负荷节能,实现了空调系统单项能耗降低 6.33 kW·h/(m²·a)、节能率 10.85%。说明降低照明系统热负荷、提升机电设备效率和部分负荷运行对于建筑空调系统节能效果较好。设计建筑 2 相对设计建筑 1 增加了提升冷热源机组能效,减少 0.62 kW·h/(m²·a) 的空调能耗,节能率仅为 1.07%,说明对于实际运行的建筑而言,单纯冷热源机组能效的提升对节能效果并不明显,更多的应该是针对运行阶段整个系统的节能。设计建筑 3 相对设计建筑 2 增加了空调系统能耗降低(水泵变频、水泵效率提升和风机变频)和排风能量回收技术,相对设计建筑 2 减少了 3.34 kW·h/(m²·a) 的空调能耗,节能率为 5.73%,结合 3.2 节中对单项空调节能技术效果的判断,可以认为其中排风能量回收的单项节能效果为 2.79%,对夏热冬冷地区节能技术应用效果数据进行了一部分补充。

3. 节能技术体系的构建

通过综合分析绿色建筑技术、节能改造技术和其他技术的应用及效果,结合对重庆市绿色建筑评价标识项目的统计,进一步综合比较了节能技术的节能效果和增量成本。采用单位节能率的单位面积增量成本进行各技术的节能效果与成本的横向对比,单位节能率的单位面积增量成本表示为每产生 1%节能率所需要的技术增量成本,各技术应用的节能效果、单位面积增量成本和单位节能率的单位面积增量成本如表 5.7 所示,表中最后一列中色块表示该技术单位节能率的单位面积增量成本与最大的单位节能率的单位面积增量成本的比值。

表 5.7 各类技术应用效果和增量成本

节能措施	节能率/%	单位面积增量/(元/m²)	单位节能率的单位面积增量/[1%/(元·m²)]
高效节能灯具	14.99	3.76	0.25
照明控制系统	13.30	4.17	0.31
灶具替换	1.50	1.20	0.80
高效水泵/风机	2.94	5.63	1.91
水泵/风机变频	2.40	5.00	2.08
排风热回收	2.79	7.46	2.67
增加外窗开启面积	0.50	1.68	3.36
高效制冷机组	1.07	15.22	14.22
电梯节能控制措施	0.41	8.25	20.12

重庆地区公共建筑能耗均值为 58.06 kW·h/(m²·a)，电价均值约为 0.82 元/(kW·h)，国际通用合同能源管理回收期通常认为是 5—8 年，依据静态回收期计算，当技术单位节能率单位面积增量成本大于 3.81 元/m² 时该技术的投入不具备经济价值，因此筛选得到适用于重庆地区的公共建筑实践使用的主动式节能技术体系如图 5.38 所示，包括照明功率密度降低、照明智能控制、选用效率更高的水泵/风机、空调排风热回收、水泵/风机变频、高效灶具的替换和外窗可开启面积的增加。

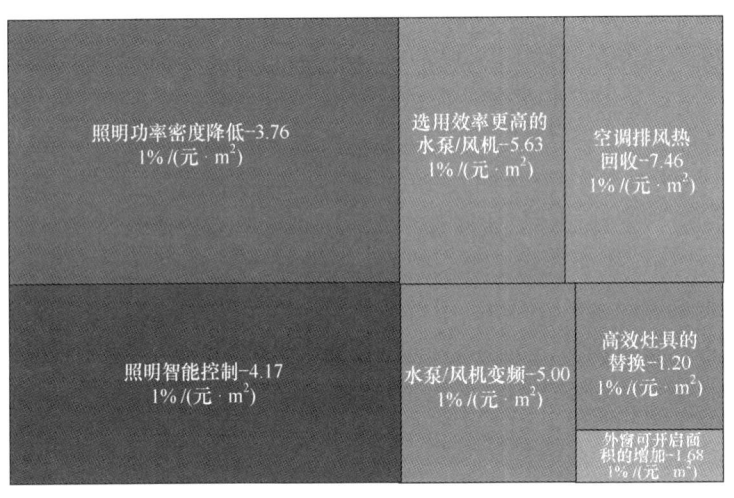

图 5.38 夏热冬冷地区节能技术体系及其增量成本

4. 夏热冬冷地区超低能耗实施路径的构建

综上分析可知，对于重庆地区执行现行《公共建筑节能（绿色建筑）设计标准》的建筑，超低能耗建筑的目标值应为 36.75 kW·h/(m²·a)，通过采用电梯节能控制措施、照明节能控制措施、降低照明功率密度值、节能型电气设备、部分负荷节能技术、提升冷热源机组能效、外立面围护结构可开启面积优化技术，在当前能耗水平下降低 15.9 kW·h/(m²·a) 的能源消耗，产生 27.31% 的节能率，由 61.5% 节能建筑转变为 71% 的绿色建筑节能水平。在此基础上增加提升冷热源机组能效、暖通空调系统能耗降低、排风能量回收技术，较基准建筑能耗水平下降低 19.9 kW·h/(m²·a)，产生实现 34.1% 的节能率，进一步提升至 74.6% 节能建筑。通过与超低能耗目标值对比，发现单纯依靠现有主动式技术的应用无法实现超低能耗建筑，需要增加可再生能源技术的应用进一步降低能耗，如太阳能、空气源、热泵等补充 1.68 kW·h/(m²·a) 的建筑能源，可满足超低能耗建筑的目标值要求。对于绿色建筑而言，其主要节能空间在空调系统，通过采用提升冷热源机组能效、暖通空调系统能耗降低、排风能量回收技术，在当前能耗水平下减少 4 kW·h/(m²·a) 的能源消耗，再通过可再生能源的应用补充 1.68 kW·h/(m²·a)，即可实现超低能耗建筑。

通过对能耗现状的分析，合理确定超低能耗建筑的目标值，结合对现有应用技术效果的组合用能模式的研究，可以分析在当前技术体系下可达到的最大节能效果，通过与目标值进行对比，形成在当前能耗水平和技术条件下，具备可实施性的超低能耗建筑实施路径如图 5.39 所示。

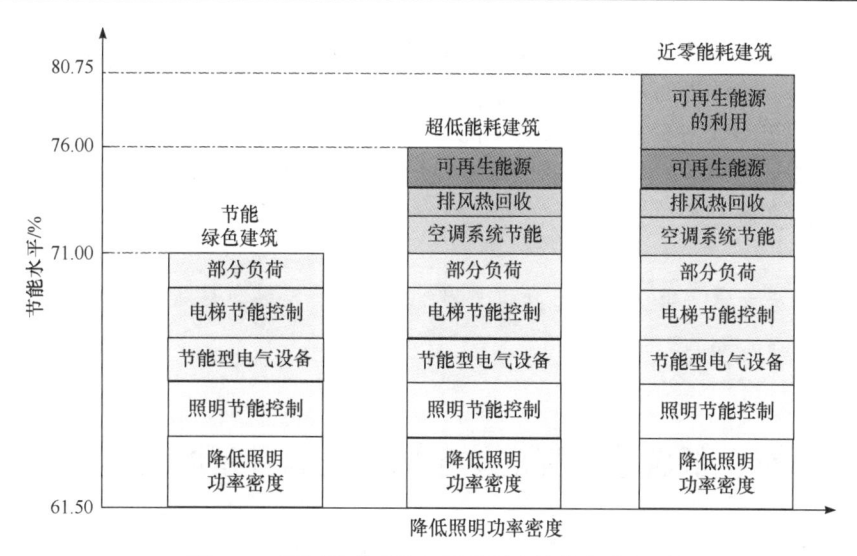

图 5.39　不同类型建筑超低能耗实施技术路径图

5.2.5　超低能耗建筑的实施建议

基于我国各气候区的不同、能耗水平和技术应用的区别，通过重庆地区超低能耗建筑解决方案的构建，整理形成以当前技术水平，以实际实施效果为指引，适宜各个气候区探索超低能耗建筑实施路径的思路(图 5.40)。

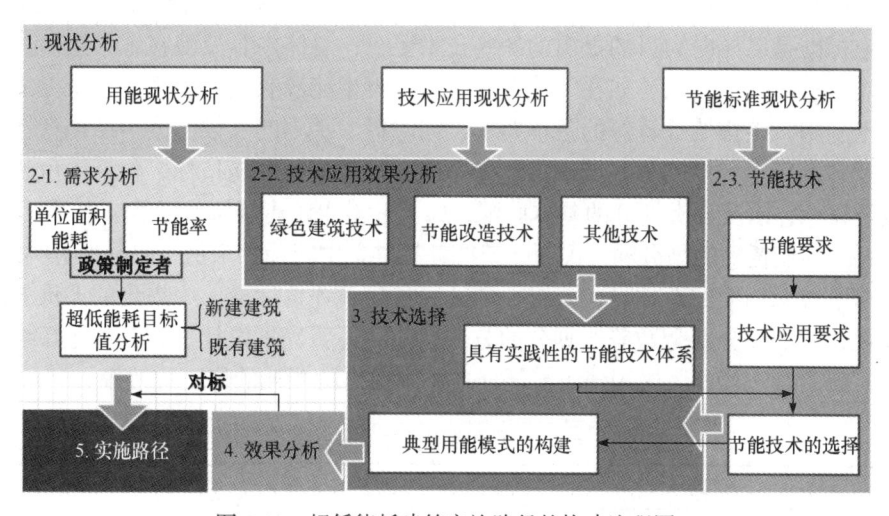

图 5.40　超低能耗建筑实施路径的构建流程图

首先对建筑用能现状、技术应用现状和节能标准要求展开统计调研和数据分析，与标准要求的超低能耗的能耗限定值和节能率限定进行对标，以符合实际情况为标准选择适宜的评判标准，从而得到基于建筑实际数据的超低能耗目标值。其次，通过各类建筑的能耗差异分析进行节能技术的应用效果和增量成本数据的获取，包括但不限于绿色建筑技术、节能改造技术以及通过辅助分析控制性技术的应用效果等，汇总形成具有可实施性的节能技术体系。最后，结合中国现有工作模式形成的建筑类型，结合对应标准中的节能要求和技术应用要求，挑选技术组成典型建筑用能模式，借助模拟软件验证各模式的节能效果，验证当前常用节能技术可以实现的最大节能潜力。并与当地的超低能耗建筑的目标值进行比对，判断是否满足能耗限值、本体节能率和总体节能率的要求，如果不满足，需要可再生能源提供的能源消耗量是多少，从而选择适用于不同建筑类型的超低能耗建筑实施路径。

作者：重庆大学　重庆市绿色建筑与建筑产业化协会绿色建筑专业委员会　张东林、丁勇

5.3　绿色低碳建筑标准体系的因地制宜延展与实践探索

为了梳理和说明地方标准体系的建设脉络，阐述地方标准在发展过程中如何充分体现因地制宜的理念，实现与国家标准一脉相承的基本要求，本节从国家标准体系的目的与作用、地域特性与地方建设需求、因地制宜的标准延展、管理与应用体制的思考四个方面对地方标准体系的完善和建设过程进行了阐述。

5.3.1　国家标准体系的目的与作用

表 5.8 列举了一些与绿色低碳密切相关的国家标准，分析这些标准的主要内容，可以看出国家标准是以导向为目的提出的一些技术要求，总体内容反映在三个层面：一是提出了相应的整体技术要求，如在《建筑节能与可再生能源利用通用规范》中提出了太阳能的技术利用、碳排放计算等的基本要求，同时提出了不同气候区围护结构特性、机组能效以及各类环境特性的分区域要求。二是确定了相应的性能指标，包括绿色建筑的基本性能及概念，以及分类划分的基本原则，如《近零能耗建筑技术标准》中对近零能耗、超低能耗、零能耗等的划分和《民用建筑能耗标准》中能耗约束值、引导值分类的方法。三是提出了技术层面的总体导向要求，如《绿色建筑评价标准》中提出的评价方法，明确了绿色建筑的评分及分数等级划分的方法，同时还明确了设计、施工和运行维护时应考虑的对象及做法等；《民用建筑能耗标准》中提出的能耗的修正方法等。

表 5.8　与绿色低碳密切相关的一些国家标准

标准名称	标准编号
建筑节能与可再生能源利用通用规范	GB 55015—2021
建筑环境通用规范	GB 55016—2021
绿色建筑评价标准	GB/T 50378—2019
建筑碳排放计算标准	GB/T 51366—2019
近零能耗建筑技术标准	GB/T 51350—2019
民用建筑能耗标准	GB/T 51161—2016
……	……

因此，国家标准的作用可以从四个方面来理解：一是底线作用，具体可反映在国家标准中明确了围护结构的性能要求、设备能效的等级要求以及环境性能的基本要求。二是规制作用，针对需要强制进行的规定和约束的技术，如太阳能的应用和碳排放的计算等。三是引领作用，如国家标准提出的建筑能耗限额的思想，以及近零能耗建筑、零能耗建筑的发展目标和要求。四是支撑作用，如提出对于绿色建筑的要求和方法，以及明确建筑碳排放的计算要求，这在不断的发展过程中起到有效的支撑作用。

5.3.2 地域特性与地方建设需求

在国家相应标准的导向作用下，为了更好地体现出地域特性，就有必要在国家标准的基础上，对其技术和要求予以延伸和发展。对应全国的不同气候分区，以及不同的地理条件，各个地方也会对应各自的条件，对推进和落实相关要求做出进一步的明确。例如，各个地区对于相应技术、政策的落地出台了各自的激励措施，包括财政补贴、优先评奖、信贷金融支持、减免城市配套费用等。由此可见，不同地方、不同区域都有各自的地域特性和建设需求。

对于技术与地域、气候的协调性，通过建筑和气候特点之间的密切关联得到进一步验证，在建筑的起源过程中，北方的建筑是由穴居到半穴居再到地面建筑，而南方是由巢居到干栏式再到地面建筑的。由此可见南北方由于不同的气候特点和地域特点，本身的需求和建筑的发展过程均具有明显的差异。这一差异在《建筑环境通用规范》中的建筑区划指标中也能得以体现。该标准针对不同地方的气候特性，依据主要指标和辅助指标，具体到各个省份，划分了七个不同的气候一级区域。在同级分区里还存在着进一步的差异，因此又划分了更具体的二级区域。而针对建筑热工的特殊性，在气候分区基础上又规定了五个不同的一级热工气候分区指标，也同样根据进一步的差异分出了二级指标。而在进一步分析这些特征指标之后会发现，如图5.41所示，即使是在同一个分区里，

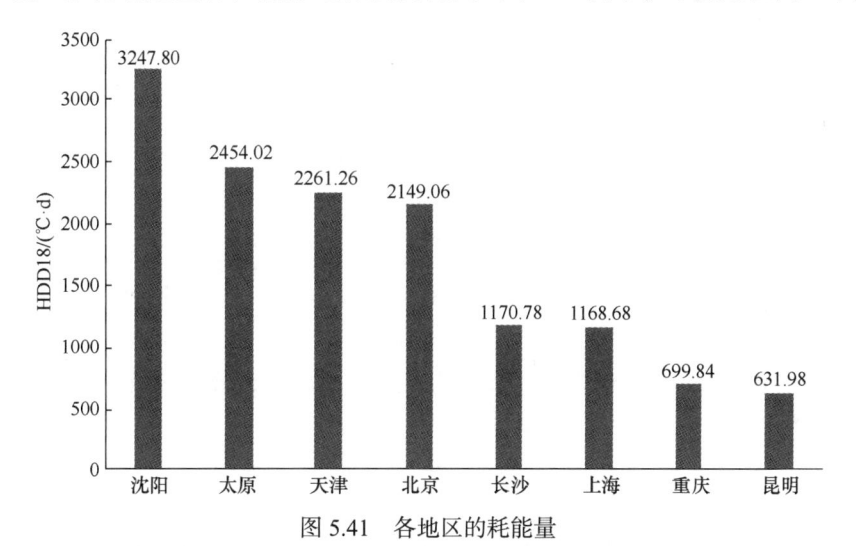

图 5.41 各地区的耗能量

HDD（heating degree day）即供暖度日数。HDD18 即是一年中当某天室外日平均温度低于 18℃时，将该日平均温度与 18℃的差值度数乘以 1 天，所得出的乘积的累加值

不同地区所反映出来的气候差异性也非常明显，如上海和重庆同处于夏热冬冷分区，但其冬季供暖度日数却相差甚远。因此，在实施具体标准要求时，有必要结合各地特性，因地制宜地推动绿色低碳标准的延展。

5.3.3 因地制宜的地方标准延展

《住房城乡建设部关于印发深化工程建设标准化工作改革意见的通知》中指出我国标准化工作发展的两个不同的路径：一是出台全文强制性规范，对保证工程质量、安全、规范建筑市场具有重要作用，因此在2019年陆续发布了整个工程建设领域的38项全文强制的工程规范的基本要求；二是对于推荐性地方标准，重点制定具有地域特点的标准，突出资源禀赋和民俗习惯，促进特色经济发展、生态资源保护、文化和自然遗产传承。围绕着这样的思想，下面以重庆为例重点介绍在地方标准推进方面的具体工作。

1. 能耗标准细化

在国家《民用建筑能耗标准》（GB/T 51161—2016）中，针对不同的建筑类型——办公建筑、酒店、商场、购物中心等确定了非供暖能耗指标的约束值和引导值。在推动实施能耗标准时，需结合重庆的具体能耗现状，对比重庆市公共建筑能源监管平台的数据（图5.42）与国家标准的能耗限额值，重庆市的实际建筑能耗水平普遍低于国家标准，因此简单按照国家标准来要求，对于重庆市降低建筑能耗将起不到有效的推动作用。

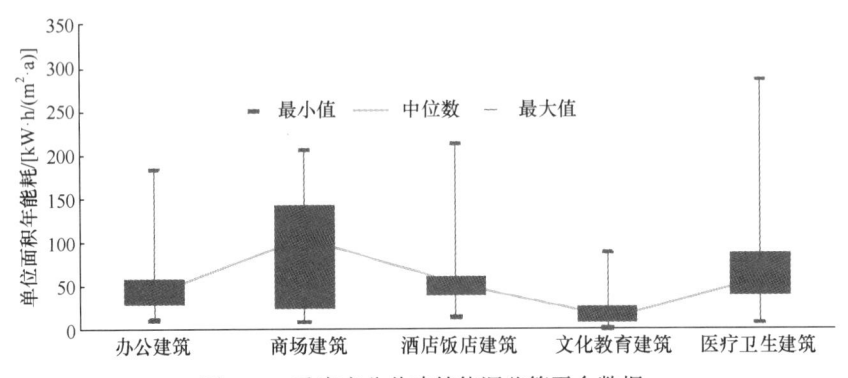

图5.42 重庆市公共建筑能源监管平台数据

鉴于此，依托重庆市的能耗数据采集工作，对照国家标准制订了重庆市工程建设标准《机关办公建筑能耗限额标准》（DBJ50-T-326—2019）、《公共建筑用能限额标准》（DBJ50-T-345—2020）和重庆市《公共机构能源消耗定额》（DB50/T 1080—2021）地方标准。这些标准依据重庆市的建筑能耗数据为基准，对重庆市公共建筑的能耗定额给出了更加结合实际的数值，同时也明确了进一步的节能要求。

2. 被动技术要求具体

以自然通风为例，在《民用建筑供暖通风与空气调节设计规范》（GB 50736—2012）6.2节中提出了自然通风的应用原则和基本形式，设计的基本要求如不同地区风压和热压的确定、开口、风量等，以及通风量计算的原则。在《绿色建筑评价标准》(GB/T 50378—2019)中对于自然通风也有要求，如 5.2.10 节中提出优化建筑空间和平面布局，改善自然通风效果，对于通风量的计算规定了住宅建筑考虑通风开口面积与房间地板面积的比例、公共建筑考虑过渡季典型工况下主要功能房间平均自然通风换气次数不小于 2 次/h 的面积比例。可以看出在国家标准中给出了相应技术的基本做法和要求，明确了要达到的目的。

为了进一步保障自然通风的实施效果，考虑自然通风技术在实施过程中的主体对象，地方标准在推进技术实施时，以建筑师为主要执行对象，编制了《大型公共建筑自然通风应用技术标准》(DBJ50/T-372—2020)和"居住建筑自然通风应用技术标准"(在编)，明确了通风计算、通风设计等关键内容，并依据山地城市的特点，考虑城市尺度和局部的气象数据差别，提出了室外环境的场地规划、分析方法等要求，对于通风方式与建筑类型的匹配，高静风率下自然通风强化措施等进行了明确。

3. 设备性能气候适宜方面

在《建筑节能与可再生能源利用通用规范》(GB 55015—2021) 3.2 节中对于供暖、通风与空调系统分气候区给出了机组的制冷性能系数(coefficient of performance，COP)、综合部分负荷性能系数(integrated part load value，IPLV)，给出了单元式空气调节机的制冷季节能效比(seasonal energy efficiency ratio，SEER)、全年性能系数(annual performance factor，APF)，给出了多联式空调机组全年性能系数等性能指标要求。同时，在该规范 5.4 节中，也重点对空气源热泵冬季制热、除霜等方面进行了要求，给出了严寒和寒冷地区冬季制热性能系数。由此可见，国家标准确定了相关的基本性能参数和对关键应用问题的要求。

具体到地方应用问题，每个地方都有各自的特点。以空气源热泵为例，如 5.1 节图 5.27—图 5.30 所述，在热泵的选型方面，按照夏季工况选型和按照冬季工况选型所达到的标准不同，因此在热泵的选型时应充分考虑应用场景；在热泵的实际应用状态方面，通过收集重庆地区风冷型热泵的性能数据包括结霜分布，可以为相应地方标准的编制提供参照；在热泵的供暖模式方面，连续供暖和间歇供暖的负荷分布差异很大，因此选用的控制策略和系统组合应与之匹配。基于这些特性的研究，编制完成的重庆市《空气源热泵应用技术标准》(DBJ50/T-301—2018)明确了空气源热泵机组的性能要求，以及在设计中的负荷计算、系统设计、控制系统设计、电气系统设计等要求。例如，在标准第 5 章的设备与材料中，针对空气源热泵在重庆地区的应用明确规定：冬季名义工况下的制热性能系数不应低于 3.0、冬季设计工况下的制热性能系数不应低于 2.4、应具有先进的融霜控制。

4. 绿色建筑性能提升

对于绿色建筑方面，在国家标准里非常明确地提出了评价对象，规定了相应的评价规则，确定了性能要求的分数。

但是在地方进行实际项目操作时，往往会遇到一些问题。比如第一个问题是在实际工程中的工程边界划分，针对这个问题在地方标准的编制中提出了同一规划许可，并且贯穿建设全过程，同时按道路边界划分的要求；第二个问题是在实际操作中对象的界定，对此在重庆市绿色建筑中要求全面实施按最不利条件评价，相关量的计算分析按单栋楼计算；同时对于技术性能的要求，除了提出具体的技术指标外还提出了一些基本的原则。结合重庆的实际，基于性能优化提出的要求有：自然通风满足余热去除、环境模拟需考虑周边情况发展（尤其是声环境的发展）、建筑工业化与绿色化融合发展。围绕这样的基本思路，在国标的前提下进行了地方《绿色建筑评价标准》(DBJ50/T-066—2020)的完善，具体内容如图5.43所示。

- 《绿色建筑评价标准》
  - 3.1.1 绿色建筑评价应以单栋建筑或建筑群为评价对象。评价对象应落实并深化上位法定规划及相关专项规划提出的绿色发展要求；涉及系统性、整体性的指标，应基于建筑所属工程项目的总体进行评价。
    - 对于总体性评价指标的认定，应核对申报项目所对应的土地出让、规划批复、初设审批和施工图审查等各个阶段的资料文件，考察各阶段是否均处于同一项目，若其中有某一阶段存在申报项目中的部分单独进行的情况，则该申报项目不能认定为对应同一总体性指标。
    - 项目中的相关系统性、整体性指标实际可以由全部居住者使用。
    - 对于建筑群中的不同类型建筑，应按照单独类型予以单独申报，不作为混合类型申报。
    - 居住建筑项目中的独立配套商业，也需同时满足与主体建筑绿色建筑等级对应的商业类型绿色建筑等级要求。
    - 得到各单体建筑的总评分，并按照建筑群中最低的建筑评分确定建筑群的绿色建筑等级。
  - 3.1.2 绿色建筑评价应在建筑工程竣工后进行。在建筑工程施工图设计完成后，进行预评价。
    - 对于本标准中涉及到性能要求的材料、部品、设备、系统等，要求应进行统一设计、采购、安装，否则不予得分；所涉及到的构造等，均以项目交付时状态作为评价对象。
    - 关于空调机位：重庆市《建筑外立面空调室外机位技术规程》DBJ50/T-167-2013；预留操作空间以及安装维护人员能直接到达的通道，保障安装、检修、维护人员安全。(4.1.5)
    - 标准中所描述的技术要求，原则上均应本着"应用尽用"的原则予以实施和判断。尤其不允许出现部分楼层、楼栋使用的现象。
    - 关注条文主体要求，效果与措施并进，双控。
    - 建筑布局合理，主要功能房间与噪声源合理分隔，且建筑声环境质量应符合下列规定：(5.1.4)
    - 应采取措施保障室内热环境；(5.1.6)
    - 主要功能房间应具有现场独立控制的热环境调节装置。集中式…分散式…；(5.1.8)
    - 针对各主要房间的使用功能，采取有效措施优化其室内声环境，评价总分值为8分。噪声级达到现行…；(5.2.5)
    - 采取有效措施降低供暖空调系统的末端系统及输配系统的能耗，且供暖空调系统应采用变流量输配系统，过渡季节通风量需满足余热去除需求。并按以下规则分则…；(7.2.6)

图5.43　重庆市《绿色建筑评价标准》片段(浅色部分为完善的内容)

5. 建设面覆盖

除了上述技术内容的延展，结合整体部署，在地方标准的发展中也尽量拓展了建设面的覆盖。一方面的延展为在国家标准的基础上，针对建筑节能工作的整体性，重庆市制订了《既有公共建筑绿色改造技术标准》(DBJ50/T-163—2021)，该标准在正在推进的既有建筑绿色改造的示范项目中起到了主要的支撑作用。同时针对健康方面还编制了《百年健康建筑技术标准》(DBJ50/T-424—2022)。另一方面的延展考虑到建设不仅仅是建筑，还包括城区和轨道等，这也是重庆绿色发展的特色，因此编制发布了《绿色轨道交通技术标准》(DBJ50/T-364—2020)，在轨道交通的建设中推进绿色低碳的技术要求，同时在这个基础上正在编制重庆市《绿色轨道场站建筑的评价标准》来进一步推进轨道交通的绿色化和低碳化。在规模化发展层面，由于国家新近提出了城市更新、老旧小区改造、海绵城市、近零碳建筑、零碳建筑等一系列有关性能提升的新发展要求，原有的重庆市《绿色低碳生态城区评价标准》和《低碳建筑评价标准》也正在修订更新，通过地方标准的完善来陆续实现整个建设面绿色低碳的覆盖。

6. 补充行业发展需求

在整个标准体系的扩展建设过程中，除了地方标准，还有团体标准，这是近几年各个行业如火如荼开展的内容。结合相关的科研工作，在涉及对整个行业发展的需求时，可用团体标准来进行相应的补充。鉴于此，针对公共建筑整体环境的质量评价，编制了《公共建筑室内环境分级评价标准》（T/CA2020），首次运用了客观和主观相结合的方法，对室内声环境、光环境、热环境和空气品质等进行了不同的等级划分，为相应建筑环境的改善提出了路径和思考。针对在整个环境建设中，一直以来比较缺少对环境监测仪器的性能要求，因此，《民用建筑多参数室内环境监测仪器》（T/CECS 10101—2020）团体标准的编制弥补了这一空缺，该标准明确了仪器需要具备的各类参数和性能要求。同样《公共建筑能源管理技术规程》（T/CABEE 003—2020）团体标准对于能源管理过程中的各个步骤和要求做出了规定，如图 5.44 所示，将对建筑能源的全过程管理提供支撑。上述都是针对城镇建筑，那么，农村建筑该怎么做？农村适宜环境该怎么建设？这也是现在需要思考的问题。因此以重庆市西南村寨特性为突破，中国工程建设标准化协会组织、重庆大学编制完成了"西南村寨室内物理环境综合性能评价标准"，其首次对村寨建筑的室内环境质量要求进行了确定。通过一系列团体标准的编制，有效弥补了当前行业发展中在国标和地标之外的问题的解决途径和要求。

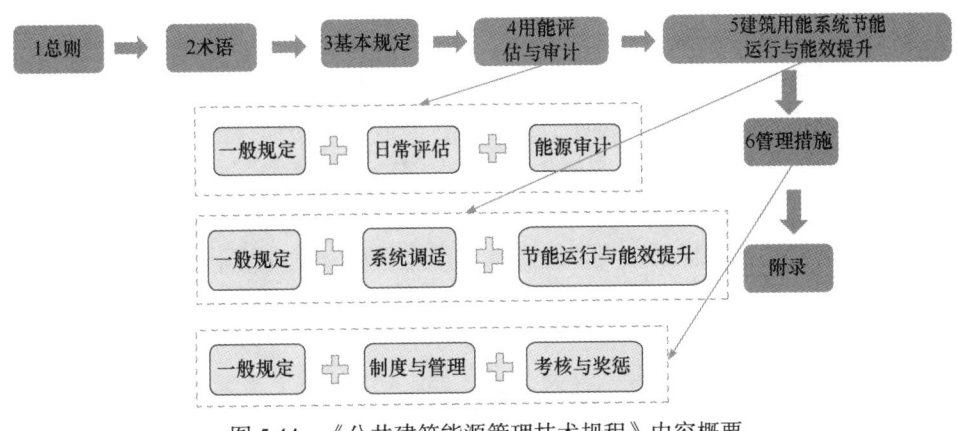

图 5.44 《公共建筑能源管理技术规程》内容概要

5.3.4 管理与应用体制的思考

在整个标准体系当中，可以看到强制标准主要提出一些基本要求，通过施工图审查来完成；地方标准更多的是推荐标准，目的在于性能的提升，但由于是推荐性标准，不太被相关单位所采纳，导致品质提升的实施效果把控成为问题；而团体标准全面发展的执行要求仍然处于空白，该如何应用也是需要思考的问题。因此，在地方标准的整个体系建设中，可以依托地方发展的要求，使性能提升和更全面的要求进行叠加，通过性能评价来完成整个叠加后的作用体现。例如，重庆市《绿色建筑评价标准》（DBJ50/T-066—2020）就是按照这种思想编制的，其充分发挥推荐性地方标准的作用，包含了建筑能耗定额指标对标、建筑自然通风对标、空气源热泵性能对标、绿色施工对标、综合环境性能要求、能源管理体系要求、装配式建筑要求对标等内容，如图 5.45 所示。通过技术体系的完善，融入相应的性能评价来实现各种推荐性标准的作用。

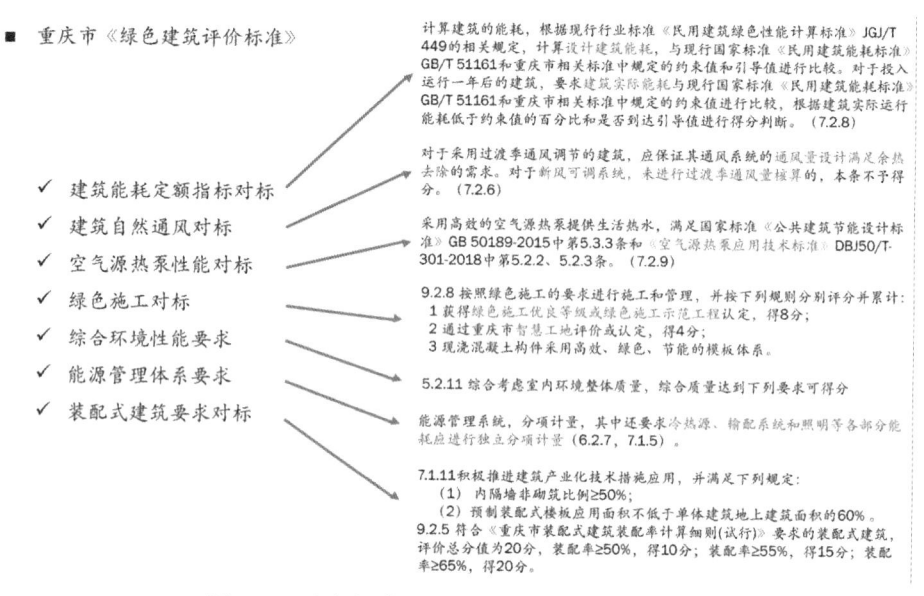

图 5.45 重庆市《绿色建筑评价标准》内容概要

综合来说，国家标准提出了基本要求、主要性能及关键引领等方向，以此为基准，地方标准的建设重点是实施要点方面，包括技术指标和做法要求等，以及根据当地特征提出气候适宜性和地理适宜性的做法，同时配合到地方的激励政策。在整体部署下，团队标准充分发挥行业优势，补充行业发展细节，明确具体要求。要确保各项绿色低碳的技术标准能够落地实施，需要综合全方位的标准体系，充分实现与地方特点、行业特点的融合。这样的体系构建做法，可以给各地在进行地方标准体系的建设以及具体标准的应用层面上提供一些借鉴和思考。

作者：重庆大学　重庆市绿色建筑与建筑产业化协会绿色建筑专业委员会　丁勇、于宗鹭

第 6 章 建筑碳排放计算过程分析

6.1 确定建筑生命周期

我国 2019 年出台的《建筑碳排放计算标准》(GB/T 51366—2019)将建筑生命周期概括为建筑材料生产及运输、施工建筑及拆除和建筑物运行三大阶段[①]。

根据建筑生命周期理论和"消费终端为导向"追溯碳排放源头边界划分原则,在结合建筑生命周期地点变换和过程时间节点的基础上,将建筑生命周期阶段划分为建材准备阶段、建筑建造施工阶段、建筑运行维护阶段、建筑拆除处置阶段,便于建筑碳排放研究问题的拆分组合。建筑生命周期划分具体内容如图 6.1 所示。

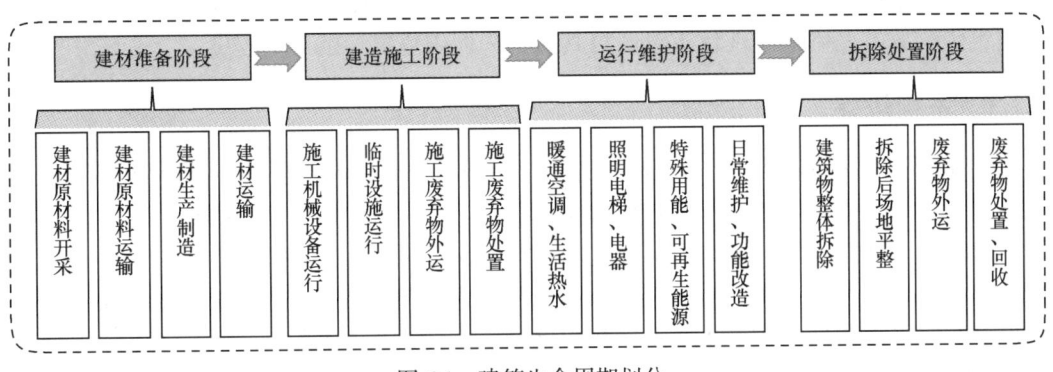

图 6.1 建筑生命周期划分

6.2 建筑碳排放计算边界

6.2.1 核算气体

《京都议定书》中规定的温室气体有二氧化碳(CO_2)、氧化亚氮(N_2O)、甲烷(CH_4)、氢氟碳化合物(HFCs)、六氟化硫(SF_6)和全氟化碳(PFCs)。由《IPCC 第四次评估报告》可知不同种类的温室气体对温室效应的贡献值不同,其中二氧化碳贡献值最大,为 76.0%;其次是甲烷,占比为 14.3%;氧化亚氮占比 7.9%,其余气体贡献值总和小于 2%。在我国"双碳"目标中,2030 年要实现的"碳达峰"是指全国二氧化碳排放量达到峰值,2060 年前要实现的"碳中和"是指包括全经济领域温室气体的排放实现中和。

基于我国 2060 年实现"碳中和"的气体种类拓展及对气候变化的影响程度,设定将

---

① 见《建筑碳排放计算标准》(GB/T 51366—2019)。

二氧化碳、甲烷、氧化亚氮三种气体作为建筑碳排放核算气体,并用二氧化碳当量作为碳排放单位。

6.2.2 时间边界

《建筑结构可靠性设计统一标准》(GB 50068—2018)对不同建筑的设计使用年限的规定见表6.1,可知普通房屋和构筑物设计使用年限为50年,标志性建筑和特别重要的建筑结构则为100年[1]。《绿色建筑评价标准》(GB/T 50378—2019)中评价指标将建筑结构材料耐久性设计为100年视作最高标准[2]。

表6.1 建筑结构设计使用年限　　　　　　　　　　　　　　　(单位:年)

类别	设计使用年限	类别	设计使用年限
临时性建筑结构	5	普通房屋和构筑物	50
易于替换的结构构件	25	标志性建筑和特别重要的建筑结构	100

采用标准中规定的设计使用年限与其他阶段耗时之和作为时间边界,在较为精确估算建筑碳排放的基础上体现建筑寿命对其生命周期碳排放量的影响程度。

6.2.3 系统边界

在实际核算过程中,为了数据获取的可行性和计算难度可控,通常会将某些难以核算的过程排除,排除后对整体结果的影响较小[3]。研究边界内建材准备阶段、建筑建造阶段、建筑运行维护阶段和建筑拆除处理阶段的核算边界。以上过程中存在上下游的资源、能源消耗及废弃物处理所产生的碳排放,依据"消费终端为导向"的建筑碳排放边界划分原则,此类碳排放均应计入建筑碳排放之内。因此,将上游输入的能源开采、加工、运输和下游建筑废弃物处理、再回收均计入核算范围,废弃物回收不计入建筑生命周期碳排放抵消中,但采用回收方式可降低废物处置过程碳排放。将上述系统边界进行整理,得出建筑生命周期系统边界如图6.2所示。

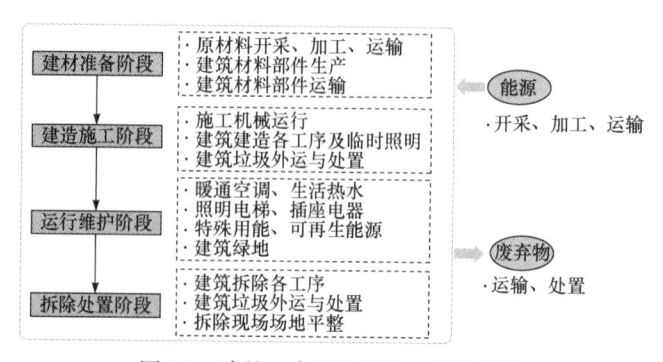

图6.2 建筑生命周期系统边界示意图

---

[1] 《建筑结构可靠性设计统一标准》(GB 50068—2018). 北京:中国建筑工业出版社,2018.
[2] 《绿色建筑评价标准》(GB/T 50378—2019). 北京:中国建筑工业出版社,2019.
[3] 《环境管理生命周期评价要求与指南》(GB/T 24044—2008).

6.3 碳排放数据范围及数据清单

6.3.1 排放范围

世界资源研究所（World Resources Institute，WRI）/世界可持续发展工商理事会（World Business Council for Sustainable Development，WBCSD）的方法最重要的贡献是将碳排放类别引入了不同"范围"的概念，通过此概念将碳排放分为直接碳排放和两类间接碳排放，以此来区分哪些碳排放是直接由企业内部控制的，哪些碳排放是受宏观环境因素影响的。

对建筑碳排放过程中碳排放来源途径进行分析，将建筑碳排放范围分为三大类。

(1) 由建筑地理边界内化石燃料燃烧产生的直接碳排放，如建筑施工、运行、拆除阶段中燃烧的柴油、汽油、天然气造成的排放；

(2) 建筑调入电力、热力产生的间接碳排放；

(3) 除(2)以外所有的间接碳排放，包括原材料异地生产、运输、废弃物处理产生的碳排放。

将建筑生命周期与碳排放范围关联，得到各阶段能源物质消费与碳排放三种范围的对应关系如图 6.3 所示。

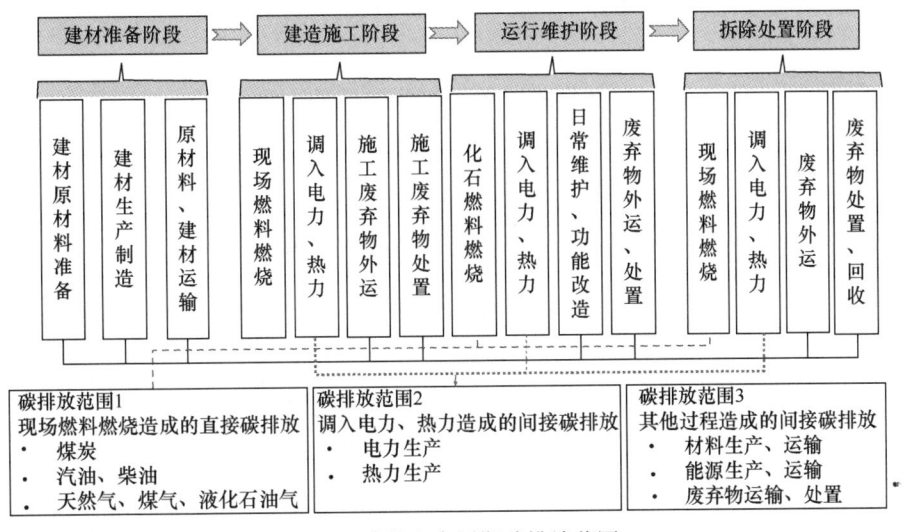

图 6.3 建筑生命周期碳排放范围

6.3.2 数据清单

碳排放数据清单由为能源、材料物质和其他三大类构成。其中，能源类包含化石燃料、调入电力、热力等，存在直接碳排放和间接碳排放，另外，可再生能源产生的降碳作用也归入此类；材料物质类包含建材原材料开采加工运输、建材制造、建筑日常维护、功能改造所用材料生产加工等，均为间接碳排放；其他类包含建筑生命周期中建材及废弃物运输、废弃物处置、其他能源生产运输等，均为间接碳排放，另外，建筑绿地产生的二氧化碳吸收作用也归入此类。根据碳排放清单可确定数据来源，包含如图 6.4 所示内容。

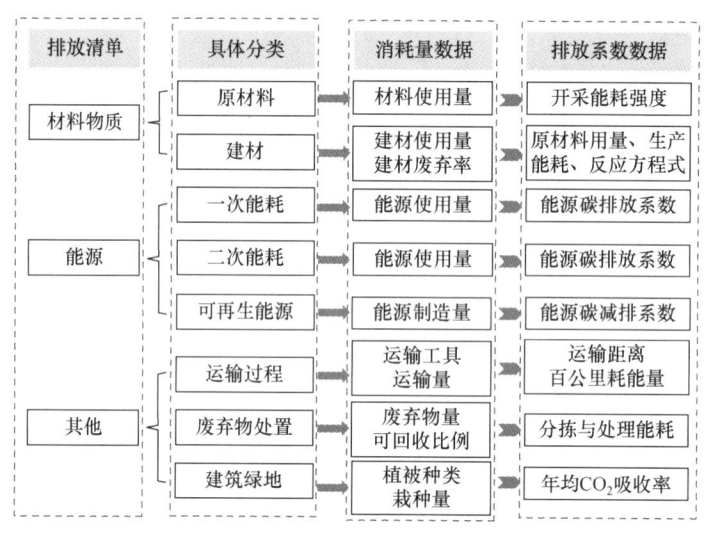

图 6.4　建筑生命周期碳排放清单

6.4　确定碳排放计算方法

根据国内外学者研究可知，目前建筑碳排放领域的碳排放核算方法可大致归类为四种：实测法、投入产出法、过程分析法和混合分析法，见表 6.2。

表 6.2　四种碳排放计算方法比较分析

方法	适用范围	特点	数据来源	结果分析
实测法	地域逐时 CO_2 浓度监测、特定生产过程碳排放系数测量	精确度高，对计量仪器和实验条件要求极高	环境监测站、实验室实测数据	计算结果受环境和技术水平影响较大
投入产出法	行业层面的能源与环境问题分析	可根据投入产出表考虑各部门间的生产联系，避免截断误差	政府相关部门公开数据统计表	仅能估算"部门"层面碳排放的平均水平，无法进行微观层面分析
过程分析法	具体碳排放过程	概念简单、计算方便，系统边界不完备导致截断误差	建材数据库、调研数据、工程量清单等	阶段划分越细结果越准确但难度越大
混合分析法	具体碳排放过程	系统边界完备，计算准确性高	实际过程各阶段数据和政府公开统计数据	计算结果准确但计算复杂、核算周期长

根据建筑形式特点确定其计算方法，国内标准及主流案例建筑研究方法均采用过程分析法进行计算，采用过程分析法进行分析能够对我国建筑行业计算碳排放方法的统一性和可比性提供参考。在过程分析法基础上对建筑生命周期各阶段碳排放构成进行分解，

依据碳排放源头和范围不同构建了分级式建筑碳排放计算方法，能够对单个阶段或全过程的建筑真实碳排放进行计算并分析其碳排放水平。

6.4.1 建材准备阶段

依据划分的碳排放范围将建材准备阶段碳排放类型进行归纳，结果见表6.3，主要包括原材料开采加工、建材生产、所耗一次能源生产加工及运输过程所产生的碳排放。

表6.3 建材准备阶段排放梳理

周期	能耗类目	排放来源	碳排放范围
建材准备阶段	原材料开采加工	电力 化石燃料	碳排放范围3
	建材生产	电力 化石燃料 物理、化学反应	碳排放范围3
	所耗一次能源生产加工	电力 化石燃料 物理、化学反应	碳排放范围3
	运输过程	电力 化石燃料	碳排放范围3

该阶段的碳排放应为原材料开采加工、建材生产、所耗一次能源生产加工及所有运输阶段碳排放之和，按式(6-1)计算：

$$C_{zb} = C_{ycl} + C_{jc} + C_{ny} + C_{ys} \qquad (6-1)$$

式中，C_{zb}为建材准备阶段碳排放量(kg CO_2e)；C_{ycl}为建筑原材料开采加工过程碳排放量(kg CO_2e)；C_{jc}为建材生产过程碳排放量(kg CO_2e)；C_{ny}为所耗一次能源生产加工过程碳排放量(kg CO_2e)；C_{ys}为运输过程碳排放量(kg CO_2e)。

(1) 原材料开采加工阶段碳排放应按式(6-2)计算：

$$C_{ycl} = \sum_{i=1}^{n} E_i \mathrm{EF}_i \qquad (6-2)$$

式中，C_{ycl}为建筑原材料开采加工阶段碳排放量(kg CO_2e)；E_i为开采阶段第i种主要能源的消耗量；EF_i为第i种主要能源的碳排放因子(kg CO_2e/单位能源用量)。

(2) 建材生产过程碳排放应按式(6-3)计算：

$$C_{jc} = \sum_{i=1}^{n} M_i F_i \qquad (6-3)$$

式中，C_{jc}为建材生产阶段碳排放量(kg CO_2e)；M_i为第i种主要建材的消耗量；F_i为第i种主要建材的碳排放因子(kg CO_2e/单位建材数量)。

(3) 所耗一次能源生产加工过程碳排放应按式(6-4)计算：

$$C_{\mathrm{ny}} = \sum_{i=1}^{n} E_i \mathrm{EF}_i \qquad (6\text{-}4)$$

式中，C_{ny} 为所耗一次能源生产加工阶段碳排放量（kg CO$_2$e）；E_i 为开采阶段第 i 种主要能源的消耗量；EF_i 为第 i 种主要能源的碳排放因子（kg CO$_2$e/单位能源用量）。

（4）运输过程碳排放应按式(6-5)计算：

$$C_{\mathrm{ys}} = \sum_{i=1}^{n} G_i D_i T_i \qquad (6\text{-}5)$$

式中，C_{ys} 为运输阶段碳排放量（kg CO$_2$e）；G_i 为第 i 种运输物的消耗量(t)；D_i 为第 i 种运输物平均运输距离(km)；T_i 为第 i 种运输物运输方式下，单位重量运输距离的碳排放因子[kg CO$_2$e/(t·km^2)]。

6.4.2 建造施工阶段

依据本章划分的碳排放范围将建筑建造施工阶段碳排放类型划分见表 6.4，主要包括建造各工序用能、临时照明办公用能、建筑废料处置用能、所耗一次能源生产加工用能和运输过程用能造成的碳排放。其中，建筑废料处置方式包括焚烧、填埋。其影响因素为施工机械选择、运输重量、运输距离、运输方式、废物处理方式。

表 6.4 建造施工阶段碳排放梳理

周期	能耗类目	排放来源	碳排放范围
建造施工阶段	建造各工序	电力 化石燃料	碳排放范围 1、碳排放范围 2
	临时照明办公	电力	碳排放范围 2
	建筑废料处置	焚烧 填埋	碳排放范围 3
	所耗一次能源生产加工	电力 化石燃料 物理、化学反应	碳排放范围 3
	运输过程	电力 化石燃料	碳排放范围 3

该阶段碳排放为建造各工序过程、临时照明办公过程、建筑废料处置过程、所耗一次能源生产加工过程及运输过程碳排放之和，按式(6-6)计算：

$$C_{\mathrm{jz}} = C_{\mathrm{gx}} + C_{\mathrm{zm}} + C_{\mathrm{fw}} + C_{\mathrm{ny}} + C_{\mathrm{ys}} \qquad (6\text{-}6)$$

式中，C_{jz} 为建造施工阶段碳排放量（kg CO$_2$e）；C_{gx} 为建造各工序过程碳排放量（kg CO$_2$e）；C_{zm} 为临时照明办公过程碳排放量（kg CO$_2$e）；C_{fw} 为建筑废料处置过程碳排放量（kg CO$_2$e）；C_{ny} 为所耗一次能源生产加工过程碳排放量（kg CO$_2$e）；C_{ys} 为运输过程碳排放量（kg CO$_2$e）。

(1) 建造各工序过程碳排放应按式(6-7)计算：

$$C_{gx} = \sum_{i=1}^{n} E_{gx,i} EF_i \tag{6-7}$$

式中，C_{gx} 为建造各工序过程碳排放量(kg CO_2e)；$E_{gx,i}$ 为施工工序第 i 种能源总用量 (kW·h 或 kg)；EF_i 为第 i 种主要能源的碳排放因子(kg CO_2e/单位能源用量)。

(2) 临时照明办公过程碳排放量应按式(6-8)计算：

$$C_{zm} = \sum_{i=1}^{n} E_i EF_i \tag{6-8}$$

式中，C_{zm} 为临时照明办公过程碳排放量(kg CO_2e)；E_i 为第 i 种能源的消耗量；EF_i 为第 i 种能源的碳排放因子(kg CO_2e/单位能源消耗量)。

(3) 建筑废料处置过程碳排放量应按式(6-9)计算：

$$C_{fw} = \sum_{i=1}^{n} W_i \times (EF_{fs,i} \times R_{fs,i} + EF_{tm,i} \times R_{tm,i}) \tag{6-9}$$

式中，C_{fw} 为建筑废料处置过程碳排放量(kg CO_2e)；W_i 为第 i 种废料质量(kg)；$EF_{fs,i}$ 为第 i 种废料焚烧处置情况下的碳排放因子(kg CO_2e/kg)；$EF_{tm,i}$ 为第 i 种废料填埋处置情况下的碳排放因子(kg CO_2e/kg)；$R_{fs,i}$ 为第 i 种废料焚烧处置的比例；$R_{tm,i}$ 为第 i 种废料填埋处置的比例。

(4) 所耗一次能源生产加工阶段碳排放量同式(6-4)计算。

(5) 运输过程碳排放量同式(6-5)计算。

6.4.3 运行维护阶段

依据本章划分的碳排放范围归纳运行维护阶段碳排放类型见表6.5，碳汇类型见表6.6，主要包括暖通空调系统、生活热水系统、照明及电梯系统、插座电气系统、维护过程、所耗一次能源生产加工过程、运输过程等造成的碳排放，建筑碳汇系统——可再生能源产能过程和建筑绿地吸收过程对运行维护阶段碳排放起到抵消作用。

表 6.5 运行维护阶段碳排放梳理

周期	能耗类目	排放来源	碳排放范围
运行维护阶段	暖通空调系统	电力 化石能源 制冷剂使用	碳排放范围1、碳排放范围2
	生活热水系统	电力 化石能源	碳排放范围1、碳排放范围2
	照明及电梯系统	电力	碳排放范围2
	插座电气系统	电力	碳排放范围2
	特殊用能系统(含炊事)	电力 化石燃料	碳排放范围1、碳排放范围2

续表

周期	能耗类目	排放来源	碳排放范围
运行维护阶段	建筑废料处置过程	填埋 焚烧	碳排放范围3
	维护过程	电力 化石燃料	碳排放范围3
	所耗一次能源生产加工过程	电力 化石燃料 物理、化学反应	碳排放范围3
	运输过程	电力 化石燃料	碳排放范围3

表6.6 运行维护阶段碳汇系统梳理

周期	碳汇类目	减排来源	减碳范围
运行维护阶段	可再生能源产能	发电 产热	碳排放范围2
	建筑绿地碳汇	生物吸收	碳排放范围1

运行维护阶段碳排放量应按式(6-10)计算：

$$C_{yw} = C_{yx} + C_{wh} + C_{ny} + C_{ys} \tag{6-10}$$

式中，C_{yw} 为运行维护阶段碳排放量(kg CO_2e)；C_{yx} 为运行阶段碳排放量(kg CO_2e)；C_{wh} 为维护阶段碳排放量(kg CO_2e)；C_{ny} 为所耗一次能源生产加工过程碳排放量(kg CO_2e)；C_{ys} 为运输过程碳排放量(kg CO_2e)。

(1)运行阶段碳排放量应按式(6-11)、式(6-12)计算：

$$C_{yx} = \left(\sum_{i=1}^{n} E_i \mathrm{EF}_i + C_r - C_p\right) y \tag{6-11}$$

$$E_i = \sum_{j=1}^{n}(E_{i,j} - \mathrm{ER}_{i,j}) \tag{6-12}$$

式中，C_{yx} 为运行阶段碳排放量(kg CO_2e)；E_i 为建筑运行过程中第 i 种能源年消耗量(单位/a)；EF_i 为第 i 种能源的碳排放因子(kg CO_2e/单位能源消耗量)；C_r 为建筑使用制冷剂产生的碳排放量(kg CO_2e)；C_p 为建筑绿地系统年降碳量(kg CO_2e)；$E_{i,j}$ 为 j 类系统的第 i 类能源消耗量(单位/a)；$\mathrm{ER}_{i,j}$ 为可再生能源系统为 j 类系统提供的第 i 类能源量(单位/a)；i 为建筑消耗的终端能源类型，如电力、市政热力等；j 为建筑用能系统类型，如暖通空调、生活热水系统等；y 为建筑设计寿命(a)。

其中，建筑暖通空调系统使用制冷剂产生的碳排放量应按式(6-13)计算：

$$C_r = \frac{m_r}{y_e} \text{GWP}_r / 1000 \tag{6-13}$$

式中，C_r 为建筑使用制冷剂产生的碳排放量(kg CO$_2$e)；r 为制冷剂类型；m_r 为设备制冷剂充注量(kg/台)；y_e 为设备使用寿命(a)；GWP$_r$ 为制冷剂 r 的全球变暖潜值(global warming potential)。

建筑绿地系统年降碳量参考《中国绿色低碳住区技术评估手册》中算法，应按式(6-14)计算：

$$C_p = \frac{\sum_{i=1}^{n} G_{e,i} \times A_{e,i} - 600 \times R \times A_s}{40} \tag{6-14}$$

式中，C_p 为建筑绿地系统年降碳量(kg CO$_2$e)；n 为建筑绿地不同植栽方式；$G_{e,i}$ 为第 i 种植栽方式单位面积40年间固碳量，参考值见表6.7；$A_{e,i}$ 为第 i 种植栽方式的绿化面积所占总绿化面积比例(%)；R 为绿地率(%)；A_s 为建筑总用地面积(m^2)。

表6.7　绿地系统不同植栽方式40年固碳量　　　(单位：kg/m^2)

植物栽培方式	固碳量
大小乔木、灌木、花草密植混种区(乔木平均种植间距<3.0m，土壤深度>1.0m)	1100
大小乔木密植混种区(平均种植间距<3.0m，土壤深度>0.9m)	900
落叶大乔木(土壤深度>1.0m)	808
落叶小乔木、针叶木或疏叶性乔木(土壤深度>1.0m)	537
大棕榈类(土壤深度>1.0m)	410
密植灌木丛(高约1.3m，土壤深度>0.5m)	438
密植灌木丛(高约0.9m，土壤深度>0.5m)	326
密植灌木丛(高约0.45m，土壤深度>0.5m)	205
多年生蔓藤(以立体攀附面积计量，土壤深度>0.5m)	103
高草花花圃或高茎野草地(高约1.0m，土壤深度>0.3m)	46
一年生蔓藤、低草花花圃或低茎野草地(高约0.25m，土壤深度>0.3m)	14
人工修剪草坪	0

(2)维护阶段碳排放量应按式(6-15)计算：

$$C_{\text{wh}} = \sum_{i=1}^{n}(M_i + T_i) m_i \frac{n}{p_i} + C_{\text{th}} \tag{6-15}$$

式中，C_{wh} 为维护阶段碳排放量(kg CO$_2$e)；M_i 为第 i 类建材或设备生产碳排放因子(kg CO$_2$e/单位)；T_i 为第 i 类建材或设备安装碳排放因子(kg CO$_2$e/单位)；m_i 为第 i 类建材或设备的数量；n 为建筑使用年限(a)；p_i 为第 i 类建材或设备的使用年限(a)，参考值见表6.8；$\dfrac{n}{p_i}$ 为建材或设备更新维护次数，取整数；C_{th} 为替换下来建材或设备处置的碳排放量（kg CO₂e），其计算公式按式（6-9）。

表6.8　常用建材或设备使用年限　　　　　　　　　　　（单位：年）

项目	使用年限
外保温	15—50
门窗	20—50
供电系统设备	15—20
供热系统设备	11—18
空调系统设备	10—20
通信设备	8—10
电梯	10

（3）运行维护阶段所耗一次能源生产加工碳排放量同式（6-4）计算。
（4）运行维护阶段运输过程碳排放量同式（6-5）计算。

6.4.4　拆除处置阶段

依据本章划分的碳排放范围将建筑拆除处置阶段碳排放类型划分归纳见表6.9，主要包括拆除过程、场地平整、废弃物处置、所耗一次能源生产加工及运输过程所造成的碳排放。

表6.9　拆除处置阶段碳排放梳理

周期	能耗类目	排放来源	碳排放范围
拆除处置阶段	拆除过程	电力 化石燃料	碳排放范围1、碳排放范围2
	场地平整	电力 化石燃料	碳排放范围1、碳排放范围2
	废弃物处置	焚烧 降解	碳排放范围3
	所耗一次能源生产加工	电力 化石燃料 物理、化学反应	碳排放范围3
	运输过程	电力 化石燃料	碳排放范围3

拆除处置阶段碳排放量应按式（6-16）计算：

第6章 建筑碳排放计算过程分析

$$C_{cc} = C_{cj} + C_{pz} + C_{fw} + C_{ny} + C_{ys} \tag{6-16}$$

式中，C_{cc} 为拆除处置阶段碳排放量（kg CO_2e）；C_{cj} 为拆除过程碳排放量（kg CO_2e）；C_{pz} 为场地平整过程碳排放量（kg CO_2e）；C_{fw} 为废弃物处置过程碳排放量（kg CO_2e）；C_{ny} 为所耗一次能源生产加工过程碳排放量（kg CO_2e）；C_{ys} 为运输过程碳排放量（kg CO_2e）。

(1) 拆除过程碳排放量应按式(6-17)计算：

$$C_{cj} = \sum_{i=1}^{n} E_{cj,i} EF_i \tag{6-17}$$

式中，C_{cj} 为拆除过程碳排放量（kg CO_2e）；$E_{cj,i}$ 为拆除过程中第 i 类能源的消耗量；EF_i 为第 i 种能源的碳排放因子（kg CO_2e/单位能源消耗量）。

(2) 场地平整过程碳排放量应按式(6-18)计算：

$$C_{pz} = \sum_{i=1}^{n} E_{pz,i} EF_i \tag{6-18}$$

式中，C_{pz} 为场地平整过程碳排放量（kg CO_2e）；$E_{pz,i}$ 为场地平整过程中第 i 类能源的消耗量；EF_i 为第 i 种能源的碳排放因子（kg CO_2e/单位能源消耗量）。

(3) 废弃物处置过程，填埋和焚烧的碳排放量应按式(6-9)进行计算，回收部分碳排放量应按式(6-19)计算（计算值为负则为减碳过程）：

$$C_{hs} = -\sum_{i=1}^{n} W_i \times EF_{hs,i} \times R_{hs,i} \tag{6-19}$$

式中，C_{hs} 为建筑废料回收处理碳排放量（kg CO_2e）；W_i 为第 i 种废料质量（kg）；$EF_{hs,i}$ 为第 i 种废料回收处置情况下的碳排放因子（kg CO_2e/kg）；$R_{hs,i}$ 为第 i 种废料回收处置的比例。

(4) 拆除处置阶段所耗一次能源生产加工碳排放量同式(6-4)计算。

(5) 拆除处置阶段运输过程的碳排放量同式(6-5)计算。

6.5 建筑碳排放因子核算分析

我国《建筑碳排放计算标准》对碳排放因子的定义是将建筑活动消耗的能源、材料和二氧化碳排放量相关联，对建筑物生命周期碳排放进行量化的计算系数。由上述建筑生命周期碳排放计算公式可知，建筑碳排放因子主要由能源碳排放因子、建材碳排放因子、运输碳排放因子和废弃物碳排放因子构成。其中，能源碳排放因子分为对应直接碳排放的化石能源排放因子和对应间接碳排放的电力、热力排放因子。

6.5.1 能源碳排放因子

1. 化石能源碳排放因子（燃烧、生产）

化石能源是以煤炭、石油、天然气为代表的各类含碳能源，根据生命周期概念可知：其碳排放过程绝大多数来自燃烧产生 CO_2 的放热反应，少数来自能源生产过程。因此，为使其碳排放因子适合不同边界划分情况,将其细化为化石能源燃烧碳排放因子和化石能源生产碳排放因子。

参考《IPCC国家温室气体清单指南(2006年)》中的方法进行计算,计算公式如下[①]:

$$EF_i = \left(CC_i \times COR_i \times \frac{44}{12} + 28CM_i + 265CN_i\right) \times AC_i \times 10^{-6} \quad (6-20)$$

式中,EF_i 为化石燃料 i 燃烧的碳排放因子(kg CO_2e/kg);CC_i 为化石燃料 i 单位热值的含碳量(tC/TJ);COR_i 为化石燃料 i 的碳氧化率量(tC/TJ);CM_i 为 CH_4 的缺省排放量(tC/TJ);CN_i 为 N_2O 的缺省排放量(tC/TJ);AC_i 为化石燃料 i 的平均低位发热量(kJ/kg)。

化石能源生产阶段碳排放在其整体碳排放中占比较小,引用我国学者研究结果对其生产阶段碳排放因子进行整理[②],整理结果汇总至表6.10。表中能源单位热值含碳量和碳氧化率摘自《省级温室气体清单编制指南》,平均低位发热量摘自《综合能耗计算通则》(GB/T 2589—2020)。国内关于甲烷和氧化亚氮的碳排放数据研究较少,因此将《IPCC国家温室气体清单指南(2006年)》中的缺省值根据GWP折算法折算为当量二氧化碳值。

表6.10 常见化石能源碳排放因子

化石能源类型	单位	含碳量/(tC/tJ)	碳氧化率	低位发热值/(kJ/kg)	CH_4排放系数/(kg/TJ)	N_2O排放系数/(kg/TJ)	能源燃烧碳排放因子/(kg CO_2e/kg)	能源生产碳排放因子
原煤	kg	26.37	0.98	20934	10^{-6}	1.5×10^{-6}	1.9836	0.03
焦炭	kg	29.42	0.93	28470	10^{-6}	1.5×10^{-6}	2.8562	0.20
原油	kg	20.08	0.98	41868	3×10^{-6}	0.6×10^{-6}	3.0210	0.21
汽油	kg	18.9	0.98	43124	3×10^{-6}	0.6×10^{-6}	2.9287	0.57
柴油	kg	20.2	0.98	42705	3×10^{-6}	0.6×10^{-6}	3.0998	0.57
燃料油	kg	21.1	0.98	41868	3×10^{-6}	0.6×10^{-6}	3.1744	0.57
液化石油气	kg	17.2	0.98	50242	10^{-6}	0.1×10^{-6}	3.1052	0.68
炼厂干气	kg	18.2	0.98	46055	10^{-6}	0.1×10^{-6}	3.0119	0.20
天然气	m³	15.32	0.99	38979	10^{-6}	0.1×10^{-6}	2.1677	0.20

2. 电力碳排放因子(燃烧、上游电力生产)

电力碳排放最主要的来源是火力发电中燃料燃烧产生的直接碳排放,其余发电方式如水力发电、风力发电、核能发电及太阳能发电过程碳排放约等于0。从生命周期理念出发,电力碳排放还应包含电站及设备建设、上游燃料的开采及运输造成的碳排放,需要说明的是,按照本章采用的WRI碳排放范围只包含上游电力生产过程的温室气体碳排放。

[①] Amstel A V. IPCC 2006 Guidelines for National Greenhouse Gas Inventories, 2006.
[②] 谷立静. 基于生命周期评价的中国建筑行业环境影响研究. 北京:清华大学,2011.

从地域划分角度，我国现有按区域和按省级划分的两类电网碳排放因子。区域电网二氧化碳基准线排放因子适用领域为中国重点减排领域的清洁发展机制(Clean Development Mechanism，CDM)项目及国家核证自愿减排量(Chinese Certified Emission Reduction，CCER)项目，而对于非该领域的电力碳排放核算，较多研究者均直接采用其给出的电量边际(operation margin，OM)法的碳排放系数，该做法并不适用于实际情况，主要原因是：①CDM 或 CCER 项目中，计算减排量时趋于保守，化石能源的排放因子选用了《IPCC 国家温室气体清单指南(2006)》中的 CO_2 排放因子，采用了其最低值而不是缺省值，且并未考虑 CH_4、N_2O 等排放量相对较大的温室气体，导致计算结果偏小；②其中的电量边际排放因子仅考虑了火力发电，并未考虑其他发电方式。对建筑用电碳排放进行核算时应考虑 CH_4、N_2O 气体，并采用化石能源碳排放系数中的缺省值，还应考虑如水电、核电、风电等清洁能源发电情况。③基准线因子计算方式中并未考虑电网中电力传输过程的线损问题，而建筑用电侧碳排放核算应当计入其线损碳排放。④基准线因子的数据来源为最近 3 年的平均值，以达到预计减排量的目的。而对于用电侧碳排放而言，其核算数据为真实造成的碳排放数据，应取当年的统计数据进行电力碳排放因子核算。

1)区域电网碳排放因子

依据《中国电力年鉴》《电力工业统计资料汇编》《中国能源统计年鉴》等资料中的相关数据，计算区域电网平均碳排放因子，计算方法如下。

(1)进行区域年度火力发电量统计，根据《中国能源统计年鉴》中分地区能源平衡表火力发电一栏得出能源消耗量，取表 6.10 中化石能源燃烧碳排放因子替换原数据，计算该地区火力发电的碳排放量。

(2)根据《中国电力年鉴》分区域水力、风力、核能、光伏发电量得出清洁能源发电量。考虑到建筑用电碳排放计算的边界统一性，其余发电形式发电量可认为"零排放"电力。

(3)将火力发电量与其他发电形式发电量求和得出该区域供电电量，根据(1)中结果按下式计算该区域供电碳排放因子：

$$\mathrm{EF}_{\mathrm{fd},i} = \frac{C_{\mathrm{fd},i}}{H_{\mathrm{fd},i}} \tag{6-21}$$

式中，$\mathrm{EF}_{\mathrm{fd},i}$ 为区域 i 的供电碳排放因子；$C_{\mathrm{fd},i}$ 为区域 i 的发电碳排放量；$H_{\mathrm{fd},i}$ 为区域 i 的供电电量。

(4)根据各区域电网间电量调入、调出情况，应按式(6-22)计算未考虑线损情况下的区域用电碳排放因子：

$$\mathrm{EF}_{\mathrm{yd},i} = \frac{\mathrm{EF}_{\mathrm{fd},i} \cdot \left[H_{\mathrm{fd},i} - \sum_{j=1,j\neq i}^{n} E_{\mathrm{out},ij}\right] + \sum_{j=1,j\neq i}^{n} \mathrm{EF}_{\mathrm{fd},i} \cdot E_{\mathrm{in},ij}}{H_{\mathrm{fd},i} - \sum_{j=1,j\neq i}^{n} E_{\mathrm{out},ij} + \sum_{j=1,j\neq i}^{n} E_{\mathrm{in},ij}} \tag{6-22}$$

式中，$\mathrm{EF}_{\mathrm{yd},i}$ 为未考虑线损情况下的区域用电碳排放因子；$\mathrm{EF}_{\mathrm{fd},i}$ 为区域 i 的供电碳排放因子；$H_{\mathrm{fd},i}$ 为区域 i 的供电电量；$E_{\mathrm{out},ij}$ 为区域 i 电网向区域 j 电网的输出电量；$E_{\mathrm{in},ij}$ 为区

域 i 电网由区域 j 电网的输入电量。

(5) 根据《中国能源统计年鉴》中分地区能源平衡表中"损失量"一栏电力损失数值和"终端消费量"电力数值，按式(6-23)计算各区域电网线损率 γ_i：

$$\gamma_i = \frac{E_{xs}}{E_{zd} + E_{xs}} \tag{6-23}$$

式中，γ_i 为区域 i 电网线损率；E_{xs} 为区域 i 电网电量传输损失量；E_{zd} 为区域 i 电网的终端消费电量。

(6) 按式(6-24)计算考虑电网混合传输线损的区域电网电力排放因子：

$$EF'_{e,i} = \frac{EF_{yd,i}}{1 - \gamma_i} \tag{6-24}$$

式中，$EF'_{e,i}$ 为考虑电网混合传输线损的区域电网电力排放因子；$EF_{yd,i}$ 为未考虑线损情况下的区域用电碳排放因子；γ_i 为区域 i 电网线损率。

按上述过程计算，忽略所耗能源上游过程的影响，最后得出的 $EF'_{e,i}$ 即为适用于建筑外购电力碳排放核算的电力碳排放因子。

2) 省级电网碳排放因子

通常情况下，电网划分范围越细致，其电力碳排放因子越接近用电侧消费单位电力产生的真实碳排放。六大区域电网可进一步划分成为省级电网，国家发展和改革委员会曾公布 2010 年中国省级电网平均碳排放因子见表 6.11。

表 6.11　2010 年中国省级电网平均碳排放因子　　[单位：kg CO_2e/(kW·h)]

电网名称	平均碳排放因子	电网名称	平均碳排放因子
北京	0.8292	河南	0.8444
天津	0.8733	湖北	0.3717
河北	0.9148	湖南	0.5523
山西	0.8798	重庆	0.6294
内蒙古	0.8503	四川	0.2891
山东	0.9236	广东	0.6379
辽宁	0.8357	广西	0.4821
吉林	0.6787	贵州	0.6556
黑龙江	0.8158	云南	0.4150
上海	0.7934	海南	0.6463
江苏	0.7356	陕西	0.8696
浙江	0.6822	甘肃	0.6124
安徽	0.7913	青海	0.2263
福建	0.5439	宁夏	0.8184
江西	0.7635	新疆	0.7636

省级电网碳排放因子的核算方法与区域电网相似,只是范围缩小。使用不同级别的电网碳排放因子会使建筑碳排放核算结果产生较大差异,研究者应根据自身研究尺度和目的选用合适级别的电网碳排放因子进行电力碳排放核算。

3. 热力碳排放因子(燃烧)

建筑热力碳排放计算考虑与电力相似的系统边界,只考虑能源燃烧产热造成的直接碳排放。我国《综合能耗计算通则》(GB/T 2589—2020)中给出了用当量热值将热力折算为标准煤消耗量的折标准煤系数,该值为 0.03412 kg ce/MJ,部分研究者基于该方法将热力的折标煤系数与标准煤当量碳排放因子的乘积作为热力碳排放因子的近似值,但该种方法存在以下问题:①各地热网产热过程消耗的能源类型、比例不同,采用该排放因子计算,结果与实际由化石能源燃烧造成的碳排放相去甚远。②热网传输存在热量损失问题,该碳排放因子中热量按照产热计算,导致计算分母偏大,存在误差。

能源碳排放因子概念计算的中心思想为碳排放总量与能源消耗量之商,依据该思想,查阅《中国能源统计年鉴》中分地区能源平衡表内相关数据,依据各省份产热能源种类、消耗量计算产热总碳排放量,再查询供热量数据从而得出相应的热力碳排放因子,计算方法如下:

(1) 查阅当年《中国能源统计年鉴》中分地区能源平衡表中"加工转换投入(−)产出(+)量"供热分项,得到热力生产总量,依据该地区产热能源种类(如煤、油、气等)及表 6.10 中得出碳排放因子,计算产热总碳排放量。

(2) 分地区能源平衡标准的损失项一栏并未给出热力损失量分项数据,因此本章计算取热力生产总量为供热量,热力碳排放因子应按式(6-25)计算:

$$\mathrm{EF}_{\mathrm{gr},i} = \frac{C_{\mathrm{cr},i}}{E_{\mathrm{cr},i}} \tag{6-25}$$

式中,$\mathrm{EF}_{\mathrm{gr},i}$ 为区域 i 的热力碳排放因子;$C_{\mathrm{cr},i}$ 为区域 i 的热力碳排放总量;$E_{\mathrm{cr},i}$ 为区域 i 的产热总量。

6.5.2 建材碳排放因子

我国建筑相关的数据库主要有四类,分别为中国建筑环境负荷评价体系、中国材料环境数据库、中国生命周期基础数据库及绿色建材评价系统。中国生命周期基础数据库中采用系统边界与本章一致,因此优先选用中国生命周期基础数据库中包含的碳排放因子值,对于数据库中尚不存在的建材部品,通过资料查询、相关文献研究进行整理汇总。

1. 金属建材碳排放因子

金属建筑材料主要有钢材和有色金属两大类,常见金属建材碳排放因子整理见表 6.12。

表 6.12 常见金属建材碳排放因子

建材类别	建材名称	单位	碳排放因子/(kg CO_2e/单位)
钢材类	炼钢生铁	t	1700
	铸造生铁	t	2280
	炼钢用铁合金	t	9530
	转炉碳钢	t	1990
	电路碳钢	t	3030
	普通碳钢	t	2050
	热轧碳钢小型型钢	t	2310
	热轧碳钢中型型钢	t	2365
	热轧碳钢大型轨梁(方圆坯、管坯)	t	2340
	热轧碳钢大型轨梁(重轨、普通型钢)	t	2380
	热轧碳钢中厚板	t	2400
	热轧碳钢 H 钢	t	2350
	热轧碳钢宽带钢	t	2310
	热轧碳钢钢筋	t	2340
	热轧碳钢高线材	t	2375
	热轧碳钢棒材	t	2340
	螺旋埋弧焊管	t	2520
	大口径埋弧焊直缝钢管	t	2430
	焊接直缝钢管	t	2530
	热轧碳钢无缝钢管	t	3150
	冷轧冷拔碳钢无缝钢管	t	3680
	酸洗板卷	t	1730
	冷轧碳钢板卷	t	2530
	冷硬碳钢板卷	t	2410
含铜制品	矿产铜	t	5520
	铜塑复合板	m²	37.1
	铜单板	m²	218
含铝制品	原铝	t	17090
	电解铝	t	20300
	铝板带	t	28500
	铝塑共挤窗	m²	129.5
	铝塑复合板	m²	8.06
含锌制品	矿产锌	t	4560
	碳钢热镀锌板卷	t	3110
	碳钢电镀锌板卷	t	3020
含锡制品	矿产锡	t	11590
	碳钢电镀锡板卷	t	2870

2. 非金属建材碳排放因子

我国《建筑碳排放计算标准》中给出了普通硅酸盐水泥的市场平均碳排放因子，张孝存提出了水泥碳排放因子计算方法[①]，本章引用其结果作为水泥碳排放因子参考值，并对其余非金属建材碳排放因子进行整理，结果见表 6.13。

表 6.13 常见非金属建材碳排放因子

建材类别	建材名称(代号)	单位	碳排放因子/(kg CO_2e/单位)
水泥	硅酸盐水泥(PⅠ)	t	941
	硅酸盐水泥(PⅡ)	t	889
	普通硅酸盐水泥(PO)	t	863
	矿渣硅酸盐水泥(PSA)	t	742
	矿渣硅酸盐水泥(PSB)	t	503
	火山灰质硅酸盐水泥(PP)	t	722
	粉煤灰硅酸盐水泥(PF)	t	722
	复合硅酸盐水泥(PC)	t	742
	普通硅酸盐水泥(市场平均)	t	735
混凝土	C10	m³	172
	C15	m³	178
	C20	m³	265
	C25	m³	274
	C30	m³	295
	C35	m³	314
	C40	m³	331
	C45	m³	362
	C50	m³	385
砖、砌块	混凝土砖(240mm×115mm×90mm)	m³	336
	蒸压粉煤灰砖(240mm×115mm×53mm)	m³	341
	烧结粉煤灰实心砖(240mm×115mm×53mm，掺入量为50%)	m³	134
	蒸压粉煤灰砖(240mm×115mm×53mm)	m³	292
	页岩实心砖(240mm×115mm×53mm)	m³	204
	黏土空心砖(240mm×115mm×53mm)	m³	250
	煤矸石实心砖(240mm×115mm×53mm，90%掺入量)	m³	22.8
	煤矸石空心砖(240mm×115mm×53mm，90%掺入量)	m³	16.0

---

① 张孝存. 建筑碳排放量化分析计算与低碳建筑结构评价方法研究. 哈尔滨：哈尔滨工业大学，2018.

续表

建材类别	建材名称(代号)	单位	碳排放因子/(kg CO$_2$e/单位)
玻璃、陶瓷	卫生陶瓷	t	1740
	通用陶瓷砖	t	600
	通用玻璃、平板玻璃	t	1190
	Lower-E 玻璃	t	2010
	钢化玻璃	t	1790
塑料	聚乙烯管	kg	3.60
	无规共聚聚丙烯管	kg	3.72
	硬聚氯乙烯管	kg	7.93
	聚苯乙烯泡沫管	t	5020
保温材料	聚苯乙烯泡沫板	t	5020
	岩棉板	t	1980
	硬泡聚氨酯板	t	5220
	真空隔热板	t	2160
防水材料	石油沥青油毡	m^2	0.51
	自黏聚合物改性沥青防水卷材(1.5mm)	m^2	0.32
	自黏聚合物改性沥青防水卷材(3mm)	m^2	0.54

3. 预制构件碳排放因子

徐鹏鹏对标准预制构件生命周期碳排放进行了计算，并得出了不同标准预制构件的单位体积碳排放量[①]，于其计算边界与本章基本一致，依据碳排放因子概念，将其作为标准预制构件的碳排放因子参考值，结果见表6.14。

表6.14　预制构件碳排放因子　　　　(单位：kg CO$_2$e/m^3)

构件类型	碳排放因子
双向底板中板	688.13
双向底板边板	695.89
单向板底板	532.97
叠合板式阳台	627.73
全预制梁式阳台	623.26
全预制板式阳台	563.49
预制混凝土空调板	484.64

---

① 徐鹏鹏,申一村,傅晏,等. 基于定额的装配式建筑预制构件碳排放计量及分析. 工程管理学报,2020,34(3):45-50.

续表

构件类型	碳排放因子
预制混凝土女儿墙	465.22
中间门洞内墙板(NQM2)	679.81
固定门垛内墙板(NQM1)	637.00
刀把内墙板(NQM3)	613.98
无窗口内墙版(NQ)	487.72
一个门洞外墙板(WQM)	596.68
板式剪刀楼梯	590.83
板式双跑楼梯	576.42
异形柱(体积含钢率0.0134)	582.95
矩形柱(体积含钢率0.013)	574.00
异形梁(体积含钢率0.0134)	582.93
矩形梁(体积含钢率0.013)	575.86
240墙L形截面过梁	575.70
370墙L形截面过梁	521.28
120墙矩形截面过梁	484.74
180墙矩形截面过梁	547.72
240墙矩形截面过梁	496.72
370墙矩形截面过梁	463.24
无洞口外墙板(WQ)	436.63
一个窗洞外墙板(WQCA)	572.59
一个窗洞外墙板(WQC1)	552.53
两个窗洞外墙板(WQC2)	545.03

6.5.3 运输碳排放因子

在我国《建筑碳排放计算标准》中给出的建材运输碳排放因子的基础上，加入其消耗能源开采、加工、运输过程进行碳排放因子的修正，将修正值作为运输碳排放因子参考值，如表6.15所示。其中，未给出交通工具型号的运输碳排放因子，可按照不同的交通工具单位距离所消耗的能源数乘以对应能源的碳排放因子计算得出。需要说明的是，在建筑有关的公路运输过程中，通常存在运输货车空载回程的现象。有相关研究得出结论为货车空载情况下的油耗约为满载情况下的2/3，基于此研究结果，公路运输时考虑空载回程情况时的货车碳排放因子应乘以1.667进行修正[1]。

表6.15 各类运输方式的碳排放因子 ［单位：kg CO_2e/(t·km)］

运输方式	交通工具类别	碳排放因子
公路运输	轻型柴油货车(载重2t)	0.295
	中型柴油货车(载重8t)	0.196
	重型柴油货车(载重10t)	0.178
	重型柴油货车(载重18t)	0.151
	重型柴油货车(载重30t)	0.086
	重型柴油货车(载重46t)	0.061
	轻型汽油货车(载重2t)	0.401
	中型汽油货车(载重8t)	0.123
	重型汽油货车(载重10t)	0.117
	重型汽油货车(载重18t)	0.109
铁路运输	电力机车	0.011
	内燃机车	0.014
	铁路(中国市场平均)	0.015
水路运输	液货船(载重2000t)	0.023
	干散货船(载重2500t)	0.017
	集装箱船(载重200TEU)	0.014

6.5.4 废弃物碳排放因子

关于建筑废料的处置大致分为焚烧、填埋和回收再利用三种类型。由于废弃物处置过程碳排放构成复杂，本章采用已有研究中给出的建筑废料填埋、焚烧、回收碳排放因子作为其参考值，具体数据见表6.16[2]。

表6.16 建筑废料焚烧、填埋、回收碳排放因子 （单位：kg CO_2e/t）

建筑废料种类	碳排放因子		
	焚烧	填埋	回收
混凝土	—	43.99	1.1365
塑料	2800	514.54	—

---

[1] 王霞. 住宅建筑生命周期碳排放研究. 天津：天津大学，2012.
[2] 刘业丹. 建筑废弃物处理综合效益评价及战略选择研究. 广州：广州大学，2020

续表

建筑废料种类	碳排放因子		
	焚烧	填埋	回收
木材	1720	424.49	—
砂浆	—	—	0.2970
碎石砖块	—	4.20	3.7701
金属	—	37.82	−37.3142

作者：重庆大学　重庆市绿色建筑与建筑产业化协会绿色建筑专业委员会　丁勇、陈雯笛、王小炜

附 录

1. 近零能耗建筑测评申报单位承诺书（示例）

申报单位自愿申报参加由＿×××＿第三方测评机构组织开展的近零能耗建筑测评活动，同意将企业名称、组织机构代码、通信地址、电话、邮编、申报材料内容等相关信息在媒体上公开。

申报单位承诺，申报项目具备全部建设审批手续，合法合规。在申报参加近零能耗建筑测评活动中所提交的项目名称：＿＿＿＿＿；地点：＿＿＿＿＿；类型：＿＿＿＿＿；面积：＿＿＿＿＿ 申报类型：＿＿＿＿＿；申报阶段：＿＿＿＿＿等各项证明材料、数据和资料全部合法、真实、有效，复印件与原件内容一致，符合国家标准《近零能耗建筑技术标准》（GB/T 51350—2019）和中国建筑节能协会团体标准《近零能耗建筑测评标准》（T/CABEE 003—2019）中的评价要求。申报单位承诺已获得与项目有关的各利益相关方的申报许可，并对因材料虚假所引发的一切后果负法律责任。

申报单位：（盖章）

负责人：

年　月　日

2. 近零能耗建筑设计评价基本信息表（示例）

申报设计评价的近零能耗建筑应填写近零能耗建筑基本信息表（设计），且应符合附表1的规定。

附表1　近零能耗建筑基本信息表（设计）

第一部分　项目基本信息				
1 项目名称		2 所在城市		
3 建筑类型	□居住建筑　□办公建筑　□学校建筑　□其他＿＿＿＿			
4 建筑面积/m²		5 供暖/空调面积/m²		
6 窗墙比	南＿＿＿　北＿＿＿　东＿＿＿　西＿＿＿			
7 体形系数		8 建筑层数	地上＿＿层；地下＿＿层	

9 施工图审查/出图时间	___年 ___月		10 开工日期	___年 ___月
11 单位面积造价/(元/m²)			12 基准建筑造价/(元/m²)	
13 增量成本分配/%	被动式技术	主动式技术	可再生能源	自控系统
14 增量成本来源	□政府补贴和奖励(%)□社会支持(%)□自筹(%)			
15 申报建筑类型	□超低能耗建筑 □近零能耗建筑 □零能耗建筑 □产能建筑			
16 联系人	姓名		邮箱	
	单位		电话	

第二部分 关键技术指标

	能效计算软件		
室内环境	设计参数	冬季	夏季
	1. 室内温度要求/℃		
	2. 室内相对湿度要求/%		
能效指标 (居住建筑)	能耗指标	设计值	基准值
	1. 建筑能耗综合值/[kW·h/(m²·a)]		
	2. 供暖年耗热量/[kW·h/(m²·a)]		
	3. 供冷年耗冷量/[kW·h/(m²·a)]		
	4. 建筑气密性		
	5. 可再生能源利用率/%		
能效指标 (公共建筑)	1. 建筑综合节能率/%		
	2. 建筑本体节能率/%		
	3. 建筑气密性		
	4. 可再生能源利用率/%		
围护结构	技术指标	设计值	基准值(标准限值)
	1. 屋面传热系数/[W/(m²·K)]		
	2. 外墙传热系数/[W/(m²·K)]		
	3. 地面/地下室顶板传热系数/[W/(m²·K)]		
	4. 外挑楼板传热系数/[W/(m²·K)]		
	5. 外窗传热系数/[W/(m²·K)]		
	6. 外窗太阳得热系数(SHGC)		

3. 近零能耗建筑施工评价基本信息表(示例)

申报施工评价的近零能耗建筑应填写近零能耗建筑基本信息表(施工),且应符合附表2的规定。

附表 2　近零能耗建筑基本信息表(施工)

第一部分　项目基本信息

1 项目名称		2 所在城市	
3 建筑类型		□居住建筑　□办公建筑　□学校建筑　□其他 _____			
4 建筑面积/m²		5 供暖空调面积/m²	
6 窗墙比		南_____　北_____　东_____　西_____			
7 体形系数		8 建筑层数	地上___层；地下___层
9 开工日期	____年____月	10 竣工日期	____年____月
11 单位面积造价/(元/m²)		12 基准建筑造价/(元/m²)	
13 申报建筑类型		□超低能耗建筑　□近零能耗建筑　□零能耗建筑　□产能建筑			
14 联系人	姓名		邮箱	
	单位		电话	

第二部分　高性能节能标识产品证书

	产品	有	无
1. 高性能节能标识产品证书	1. 门		
	2. 窗		
	3. 保温材料		
	4. 照明灯具		
	5. 冷热源机组		
	6. 环控一体机		
	7. 其他		

第三部分　施工技术文件

技术文件名称	有	无
1. 施工培训文件		
2. 专项施工方案		
3. 主材进场质量检查和验收文件		
4. 隐蔽工程记录和影像资料		
5. 建筑气密性测试报告		
6. 新风热回收装置现场检测报告		

4. 近零能耗建筑运行评价基本信息表(示例)

申报运行评价的近零能耗建筑应填写近零能耗建筑基本信息表(运行)，且应符合附表 3 的规定。

附表 3 近零能耗建筑基本信息表（运行）

第一部分 项目基本信息

1 项目名称		2 所在城市	
3 建筑类型		□居住建筑 □办公建筑 □学校建筑 □其他 _____			
4 建筑面积/m²		5 供暖空调面积/m²	
6 窗墙比		南_____ 北_____ 东_____ 西_____			
7 体形系数		8 建筑层数	地上___层；地下___层
9 竣工日期	____年____月	10 开始运行日期	____年____月
11 单位面积造价/(元/m²)		12 基准建筑造价/(元/m²)	
13 申报建筑类型		□超低能耗建筑 □近零能耗建筑 □零能耗建筑 □产能建筑			
14 联系人	姓名		邮箱	
	单位		电话	

第二部分 检测报告

	检测项	测试值	设计值
1.室内环境参数	1. 温度		
	2. 湿度		
	3. 新风量		
	4. PM$_{2.5}$		
	5. 噪声		
	6. CO$_2$		
	7. 室内照度		

第三部分 能效指标运行值

		设计值	实测值
建筑能效指标（居住建筑）	1. 建筑能耗综合值/[kW·h/(m²·a)]		
	2. 可再生能源利用率/%		
建筑能效指标（公共建筑）	1. 建筑综合节能率/%		
	2. 建筑本体节能率/%		
	3. 可再生能源利用率/%		

5. 近零能耗建筑测评结果备案表(公共建筑)

附表4 近零能耗建筑测评结果备案表(公共建筑)

项目类型	公共建筑		
申报类型			
建筑名称			
建筑面积/m²			
申报单位名称			
申报单位地址			
测评阶段		测评结果	
建筑综合节能率		建筑本体节能率	
可再生能源利用率		测评机构(盖章)	
测评机构联系人		联系电话	
测评依据			
测评模式			
签发日期		有效期限	
附件	☐ 自我承诺书、基本信息表、项目技术方案、建筑能效计算报告等申报材料(申报单位盖章) ☐ 专家评审意见(专家签字) ☐ 项目汇总表(测评机构盖章)		
备注			

6. 近零能耗建筑测评结果备案表(居住建筑)

附表5 近零能耗建筑测评结果备案表(居住建筑)

项目类型	居住建筑		
申报类型			
建筑名称			
建筑面积/m²			
申报单位名称			
申报单位地址			
测评阶段		测评结果	
建筑能耗综合值		供暖年耗热量	
供冷年耗冷量		测评机构(盖章)	
测评机构联系人		联系电话	
测评依据			
测评模式			
签发日期		有效期限	
附件	☐ 自我承诺书、基本信息表、项目技术方案、建筑能效计算报告等申报材料(申报单位盖章) ☐ 专家评审意见(专家签字) ☐ 项目汇总表(测评机构盖章)		
备注			